KB179141

연료전지의 활용

전파과학사는 독자 여러분의 책에 관한 아이디어와 원고 투고를 기다리고 있습니다. 디아스포라는 전파과학사의 임프린트로 종교(기독교), 경제·경영서, 일반 문학 등 다양한 장르의 국내 저자와 해외 번역서를 준비하고 있습니다. 출간을 고민하고 계신 분들은 이메일 chonpa2@hanmail.net로 간단한 개요와 취지, 연락처 등을 적어 보내주세요.

연료전지의 활용

청정에너지로 주목 · 기대되는 연료전지
그 기초이론에서 미래의 수소사회를 안내

–
초판 1쇄 2007년 09월 1일
개정 1쇄 2024년 08월 27일

–
지은이 혼마 다쿠야
옮긴이 윤실·정해상
발행인 손동민
디자인 김미영

–
펴낸곳 전파과학사
출판등록 1956. 7. 23. 제 10-89호
주 소 서울시 서대문구 증가로18, 204호
전 화 02-333-8877(8855)
팩 스 02-334-8092
이메일 chonpa2@hanmail.net
공식 블로그 http://blog.naver.com/siencia

ISBN 978-89-7044-673-8 (03560)

연료전지의 활용

청정에너지로 주목 · 기대되는 연료전지
그 기초이론에서 미래의 수소사회를 안내

혼마 다쿠야 지음 | 윤실·정해상 옮김

전파과학사

머리말

연료전지에 관한 책은 여러 종류가 출판되었지만 각자 다른 시각에서 연료전지의 의의, 동작 원리, 종류, 특징, 응용 분야, 개발 동향 및 장래 전망 등에 대하여 설명한 것이거나, 또는 기술서일지라도 동작과 현상에 대하여 표면적인 현상론적 설명이 주를 이루는 기술(記述)이 많다.

이 책은 연료전지에 관한 일반론이 아니라 연료전지의 동작과 성능을 위주로 열역학 및 전기 화학의 관점에서 설명하는 데 주안을 두고 쓴 입문 강의서다. 따라서 연료전지 기술에 관해서는 초보자일지라도 이공학의 기초 지식이 있는 학생을 비롯하여 대학, 연구 기관, 기업 등의 연구원이나 기술자 혹은 이공학 분야의 교육자들이 연료전지의 구조와 동작을 이론적으로 이해하는 데 도움이 되도록 구성했다.

연료전지 동작의 본질을 이해하기 위해서는 다소 번잡한 전기 화학적 개발과 수식(數式)의 유도는 불가피하며, 특히 번잡한 수식의 유도를 요구하는 항목, 구체적으로는 '열역학적인 성능 한계의 증명'이나 '활성화 과전압의 정량적인 수학적 기술' 등에 관해서는 본문과 분리하여 부록에 따로 실었다.

이론 전개 과정을 총괄적으로 이해하고 싶다면 식의 상세한 유도에 지나치게 얽매이지 말고 이 책을 일독하기를 권한다. 그리고 보다 더 상세한 이론 전개에 관심 있는 독자들은 부록을 참고하길 바란다.

그러나 연료전지를 다루는 기초적인 학문 분야와 지식의 범위는 매우 광범위하고 심원하므로 이 책에 총망라하는 데는 한계가 있다. 예를 들어 전극이나 전해질 재료, 촉매작용에 관한 미시적인 고찰은 이 책에서 다루지 않았다.

또 연료전지는 아직 기초적인 분야에서 연구 개발이 발전도상에 있는 기술 분야로, 새로운 분야의 개척과 혁신적인 발견이 활발하게 이루어지고 있다. 그러한 동향에 대한 소개와 해설은 다른 저작물이나 문헌을 참고하길 권한다.

이 책은 연료전지에 갓 입문한 이들이나 어느 정도 지식을 갖추고 있지만 더욱 깊이 이해하려는 이들을 위해 집필한 것으로, 이들에게 조금이라도 도움이 된다면 더없는 보람이 될 것이다.

끝으로 이 책에 귀중한 자료와 사진을 제공한 분들께 깊은 감사를 드린다. 특히 고온형 연료전지 기술에 대한 조언을 아끼지 않은 유한회사 FC테크 대표이사 가미마츠 고키치, 연료전지 개발 정보센터 기술부장 나가다 스스무, 또 이 책을 편집·출판하는 과정에서 복잡한 업무를 도맡아 처리한 전파신문사에 진심으로 감사드린다.

2005년 7월

혼마 다쿠야

| 차례 |

[부록] 기초 이론 · 용어 해설

1장

동작 원리와 종류

1. 연료전지란 무엇인가

'전지(電池)'라는 이름이 붙어서 그런지 일반인들은 연료전지를 전기를 저장하기 위한 새로운 장치의 일종이라고 예단하는 경우가 많다. 그러나 연료전지는 전기를 저장하는 장치가 아니다. 그보다는 일종의 발전기라고 하는 것이 적절하다. 즉, 자동차 등에 사용되는 축전지보다는 디젤 발전기나 (비록 규모는 작지만) 화력발전소에 가까운 것이다.

디젤 발전기나 화력발전소는 석유나 천연가스 같은 화석연료에서 전기를 얻어내기 위한 기계 또는 시스템이다. 에너지 과학의 용어로 표현하면 화석연료가 가진 화학에너지를 전기에너지로 변환하기 위한 장치라고 할 수 있다.

다만 디젤 발전기나 화력발전 설비는 연료를 연소시켜 열을 발생한 다음 그 열로 기계를 가동하여 발전기를 돌려 전기를 만들어 낸다.

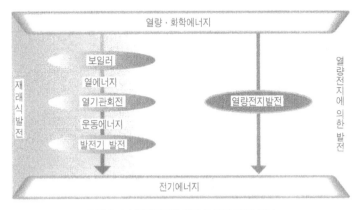

그림 1-1 | 연료전지와 종래의 발전 과정 차이

쉽게 말해 [그림 1-1]에서처럼 여러 단계의 에너지 변환 과정을 거쳐 전기를 생산한다. 이와 같은 재래식 발전과 비교하면 연료전지는 전기 화학 반응에 의해 거시적으로는 화학에너지로부터 직접 전기를 생산한다.

물속에 한 쌍의 전극을 담그고, 그 사이에 전압을 가하면 양(+)극에서는 산소가 발생하고 음(-)극에서는 수소가 발생한다. 이것이 학창 시절에 배운 물의 전기분해 원리인데, 연료전지는 전체적으로 이와 정반대인 반응이라고 생각하면 된다.

즉, 수소와 산소(공기)로부터 전기를 발생시키는 것이 연료전지다.

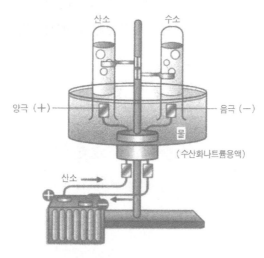

그림 1-2 | 물 전기분해

다만 수소는 지구상에 홀로 존재하지 않으므로 보통 화석연료를 고온에서 촉매를 사용해 화학 반응시켜 반응에 필요한 수소를 만들어 낸다. 이를 연료전지 세계에서는 '개질(改質) 과정'이라고 한다.

천연가스 등 화석연료를 개질하여 수소를 생성하는 과정에서 수소와 동시에 필연적으로 탄산가스가 배출된다.

그러나 수소는 전기분해에 의해서도 생성할 수 있으므로 태양광이나 풍력, 수력발전 같은 자연에너지로 생산된 전력을 이용하면 탄산가스를 전혀 배출하지 않고 수소를 생성할 수 있다. 핵에너지를 통한 수소 생산 또한 중요한 연구 과제이다.

또 연료전지의 종류에 따라서는 수소뿐만 아니라 일산화탄소나 메

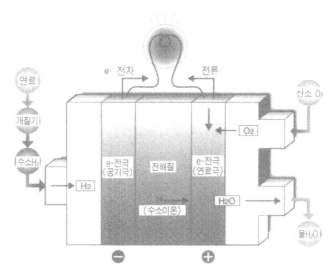

그림 1-3 | 연료전지 셀과 발전 과정

탄올 등, 탄화수소계 연료의 전극 반응에 의해서도 발전할 수 있으므로 가장 넓은 범위의 전기 화학 반응이라고 생각하면 된다.

연료전지의 경우 전기와 동시에 필연적으로 열이 발생한다. 따라서 연료전지는 발전기뿐만 아니라 코제너레이션(cogeneration, 전기와 열을 동시에 공급)용 기기로도 이용되고, 또 연료전지의 종류에 따라서는 연료 전지와 터빈을 조합해 종합적으로 매우 효율이 높은 발전 시스템을 실현할 수도 있다.

2. 개발의 역사

연료전지는 전해질의 종류에 따라 다음과 같이 분류된다.

(가) 인산형 연료전지: PAFC(Phosphoric Acid Fuel Cell)
(나) 고체 고분자형 연료전지: PEFC(Polymer Electrolyte) Fuel Cell
　　혹은 PEMFC(Proton Exchange Membrance Cell)
(다) 직접 메탄올 변환형 연료전지: DMFC(Direct Methanol Fuel Cell)
(라) 용융 탄산염형 연료전지: MCFC(Molten Carbonate Fuel Cell)
(마) 고체 산화물형 연료전지: SOFC(Solid Oxide Fuel Cell)
(바) 알칼리형 연료전지: AFC(Alkaline Fuel Cell)

연료전지는 19세기 초 영국의 화학자 험프리 데이비(Humphry

Davy)가 최초로 개발했다는 기록이 남아 있다.

그러나 1839년 영국의 물리학자 윌리엄 그로브(William Grove)가 수행한 실험 결과 연료전지가 발명됐다고 보는 것이 더 정확하다. 따라서 원리가 실증된 이후로 190여 년이 지난 셈이다.

연료전지의 실용화를 위한 연구개발은 20세기에 들어오면서부터 시작됐고, 최초의 프로젝트는 1932년 영국, 프랜시스 토머스 베이컨(Francis Thomas Bacon)의 시험기에서 출발한다([표 1-1]).

베이컨은 당시 케임브리지 대학에서 기술자로 근무하고 있었다. 그는 과거에 루트비히 몬트(Ludwig Mond)와 칼 랭거(Carl Langer) 등이 산

연 대	개발 과정
19세기 초반	영국의 Davy에 의한 연료전지 아이디어 제시
1939	영국의 Grove에 의한 시범 실험
1932	영국의 Bacon에 의한 알칼리 연료전지 실험제작
1937	스위스의 Baur와 Preis에 의한 SOFC 시험 제작
1956	미국 NASA에 의한 연료전지 개발 국가 프로젝트
1960년대	미국 웨스팅하우스사에 의한 상용화 기종의 원형
1965	미국 인공위성 제미니 5호에 PEFC 도입
1981	일본 문라이트 계획
	도쿄전력의 대규모 출력 플랜트 실증 운전 시험
1996	ONSI사의 PAFC 상용기 등장

표 1-1 | 연료전지 개발의 역사

성액을 전해질로 사용해 개발한 연료전지(1889)가 값이 비싼 백금을 전극 촉매로 사용해야 했기 때문에 비용 측면에서 상용화할 수 없다고 판단해 알칼리성 수용액을 전해질로 사용하는 연료전지를 시험 제작했다.

그는 값이 저렴한 니켈을 전극 촉매로 썼다. 베이컨의 이 연료전지에는 확산 전극이 사용되고 205℃에서 동작하며 동작압은 4㎫(40atm)까지 높일 수 있었다고 기록돼 있다.

연료전지는 전해질 재료에 따라 분류되며, 주요하게는 6종류를 들 수 있다. 그중에서도 가장 고온에서 동작하는 기종은 고체 산화물 연료전지(SOFC)다. SOFC는 다른 연료전지에 비해 발전 효율이 매우 높고 광범위한 연료를 사용할 수 있으며 개질기(改質器)가 필요하지 않다. 또 배열(排熱) 값이 큰 것도 장점 중 하나다.

이 연료전지는 아직 실용화 단계에는 이르지 못했으나 1937년 취리히 공과대학의 에밀 바우어(Emil Baur)와 프레이스(Preis)가 시험 제작한 때로 소급하면 개발의 역사는 무척 길다. 당시 SOFC는 출력밀도가 매우 작은 것으로서, 현재 상용화를 목표로 개발이 추진되고 있는 기종의 원형은 1960년대에 웨스팅하우스사가 개발한 SOFC에서 비롯됐다.

국가적 프로젝트로서의 연료전지 기술 개발은 1956년 미국의

NASA(National Aeronautics and Space Administration)에서 시작했다. 세계 최초로 연료전지를 실용화한 것은 우주에서였다. 출력 1㎾의 고체 고분자형 연료전지(PEFC)가 1965년 8월에 발사된 인공위성 제미니 5호에 탑재된 것이다.

당시의 PEFC 성능은 그다지 높지 않았다. 내구성도 낮았기 때문에 1968년 이후 인공위성에는 주로 알칼리형 연료전지(AFC)가 사용되고 있다.

일본에서는 1950년 무렵부터 교토대학, 오사카대학, 통상산업성 공업기술원, 산요, 마쓰시타, 일본전지, 후지전기, 도시바 등이 연구개발에 착수했고, 특히 1962년에는 산요전기가 이온교환막을 사용한 연

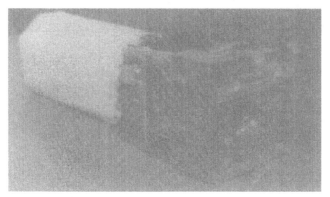

아폴로 우주선 이후 유인 우주선에 연료전지 탑재(알칼리제)

사진 1-1 | 인공위성에 사용된 연료전지(출처: FCDIC)

료전지를 개발해 오사카에서 개최된 일렉트로닉스쇼에 출품했다는 기록이 있다.

1960년대에 들어와 연료전지를 지상에서 이용하려는 움직임이 일면서 먼저 인산형 연료전지(PAFC)에 대한 연구개발이 시작되었다.

미국과 일본의 가스 회사가 주도한 TARGET 계획, 1917년 전력 회사를 중심으로 시작된 FCG 계획이 초기의 대표적인 민간 주도 개발 프로그램이었다.

우주에서 이미 실용화되었던 알칼리전지를 택하지 않고 왜 인산형 전지를 택했는지 그 배경을 이해하려면 약간 복잡한 설명이 필요하다. 하지만 적어도 알칼리형이 선택받지 못한 이유는 명확하다. 바로 알칼리형은 탄산가스에 약하기 때문이다. 알칼리형 연료전지에 탄산가스가 침입하면 발전출력이 현저하게 떨어진다. 탄산가스는 앞서 설명한 개질가스(개질 과정에서 생성된 수소가 가득한 가스) 속에 반드시 포함돼 있으며 공기 중에도 존재한다. 따라서 지상에서의 이용은 불가능하다고 판단된다.

일본의 본격적인 독자적 연료전지 개발 프로젝트는 문라이트 계획의 일환으로 1981년에 시작됐다. 80년대는 도쿄전력이 실시한 출력 1MW 규모의 큰 플랜트에 의한 실증 운전 시험, 오사카 플라자호텔에서

		연료전지의 원리 발견			
1801					
1839		윌리암·그로브에 의한 세계 최초의 연료전지 실험			
1961		NASA에 의한 연료전지 연구 시작			
1965		우주선 제미니 5호에 연료전지 탑재			
1967		TARGET 계획(소용량 연료전지개발) 발족			
1971		FCG-1 계획(대용량 연료전지 개발) 발족			

	포괄 프로젝트	인산형 연료전지 PAFC	용융탄산염형 연료전지 MCFC	고체산화물형 연료전지 SOFC	고체고분자형 연료전지 PEFC
1981					
1982		기초연구	기초연구		
1983					
1984				기초연구	
1985			10kW급 스택개발		
1986	문라이트계획	1MW & 200kW 플랜트개발			
1987					
1988					
1989			100kW급 스택개발		
1990				수100W급 스택개발	
1991		평가테스트			
1992					
1993		필드테스트 사업(Ⅰ)			기초연구
1994				수kW급 스택개발(Ⅰ)	
1995					
1996	뉴 선샤인계획	·50~200kW 상용기 도입개시	1MW급 플랜트개발		
1997					10kW급 스택개발
1998		필드테스트 사업(Ⅱ)		수kW급 스택개발(Ⅱ)	
1999					
2000					
2001					보급기반 정비사업
2002			750kW급 고성능 플랜트 개발	10kW급 스택개발	
2003					
2004					수소·연료전지 실증 프로젝트
2005					
2006					도입단계 실증프로젝트
2007					
2008					

표 1-2 | 연료전지의 개발과 실용화 역사

의 200kW 실증 실험 등 연구개발이 가장 활발한 시기였다. 이 모두가 제1세대 PAFC였다.

1990년대에 들어 연료전지의 신뢰성이나 내구성과 관련해 예상을 뛰어넘는 어려운 기술적 과제가 부상하면서 조기 실용화에 대한 꿈은 퇴색하는 듯했다.

그러나 1996년에 ONSI사가 PAFC의 최신 상용기 PC25C를 내놨고, 출력 200kW급 모듈의 생산 단가 하락과 상업화가 이루어지면서 여러 방면에 걸쳐 수용자들에게 희망을 안겨주었다.

현재 이 PAFC는 호텔과 병원 등의 코제너레이션용 플랜트로, 또 무정전·고품질 전원 및 재해용 보조 전원으로, 맥주 공장과 쓰레기 처리장에서 발생하는 메탄가스를 연료로 하는 리사이클 코제너레이션의 전원으로 그 시장을 어느 정도 확대하였다.

PAFC의 기술 수준은 그 실증 시간이 6만 시간을 넘고 신뢰성의 기준인 가동률도 높아 실용 조건을 충분히 만족시키는 수준에까지 이른 것으로 생각된다.

그러나 현재 발전 효율 면에서는 약 40%, 비용 면에서는 360만 원/kW에서 크게 개선될 가능성이 적다는 이유로 시장 전개는 전 세계를 통틀어 300기 수준에 머무르고 있다.

1990년대 이후 연료전지는 소규모·소용량 전원으로 매우 적합하다는 인식이 더욱 높아져 발전 사업용으로서의 대규모 전원이라기보다는 오히려 중소 규모의 전원으로 주목을 받게 되었다.

특히 1995년경에 고체 고분자형 연료전지의 고성능화·소형화가 두드러지게 향상된 결과, 자동차용 동력원으로서의 이용 가능성이 현실성을 띠고 논의되었다. 다임러 크라이슬러, 도요타 자동차 등 세계

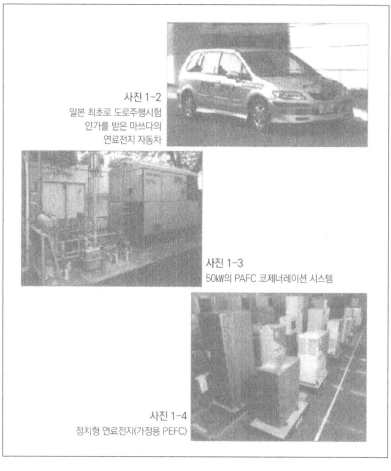

사진 1-2
일본 최초로 도로주행시험
인가를 받은 마쓰다의
연료전지 자동차

사진 1-3
50kW의 PAFC 코제너레이션 시스템

사진 1-4
정치형 연료전지(가정용 PEFC)

그림 1-4 | 50kW의 PAFC 코제너레이션 시스템

주요 자동차 업계들이 PEFC를 사용한 연료전지 자동차(FCV)를 시험 제작해 발표한 것도 이 무렵이었다.

현재 실증단계에 이르긴 했지만 상용화 및 보급에 있어서는 비용과 사회적 인프라 등 아직 해결해야 할 많은 장벽이 남아 있다.

PEFC 시장은 자동차뿐만이 아니다. 1kW 수준의 가정용 코제너레이션 전원으로의 상용화가 기대되고 있고, 21세기에 들어와서는 대규모 실용 단계에 접어들 것으로 기대된다.

이와 같은 사업의 추진 모체는 가스, 석유, 프로판, 등유 등의 공급을 목적으로 하는 에너지 사업자이다. 이 에너지 사업자들은 연료전지와 손을 잡고 가정용 PEFC 보급에 노력하고 있다.

컴퓨터와 휴대전화 등 전자기기용 마이크로 전원도 장차 크게 성장할 잠재 시장으로 기대되고 있다. 특히 단말기용 초소형 연료전지는 정치용(定置用) 코제너레이션이나 자동차용과 마찬가지로 환경과 에너지 문제에 대응하기 위한 목적뿐만 아니라 정보기기의 편리성을 향상하는 것을 주목표로 하고 있다.

따라서 연료전지 시장에서의 경쟁 상대는 값비싼 리튬이온전지 같은 고출력 밀도의 축전지일 것이고, 다른 분야의 연료전지에 비해 적어도 비용과 내구성 측면에서 우위를 점하고 있어 시장에서의 경쟁도 어렵지 않을 것으로 보인다.

　모바일 단말용 전원으로서의 연료전지는 PEFC 외에도 직접 메탄올 연료전지(DMFC)가 검토되고 있다. 그러나 실용화하기에는 아직 문제점을 내재하고 있어 많은 기업과 연구소들이 새로운 아이디어를 내놓고 있는 상황이다.

　DMFC의 경우 연료가 되는 메탄올이 가연성(可燃性)이고 또 독성이 있기 때문에 휴대용 기기에 사용하는 경우 안전성과 건강 문제를 고려할 필요가 있다. 이에 필요한 표준과 기준 문제에 관해서는 국제적으로 논의가 전개되고 있다.

그림 1-5 | 휴대용 마이크로 연료전지

3. 연료전지의 종류

연료전지는 일반적으로 수소(개질가스)와 산소(공기)로부터 전기 화학 반응으로 직접 전력과 열을 얻는다는 원리는 같지만 이온의 통로인 전해질의 종류에 따라 몇 가지로 분류될 수 있다.

PAFC 인산형 연료전지	SOFC 고체 산화물형 연료전지	MCFC 용융 탄산염형 연료전지	PEFC 고체 고분자형 연료전지
인산	지르코니아계 세라믹스	LiNa/K계 탄산염	고분자 전해질막
150~200℃	700~1,000℃	650~700℃	상온~90℃
36~38%	40~50%	40~50%	30~35%
공업용 코제너레이션 업무용 코제너레이션	대규모 발전 분산 발전 가정용	대규모 발전 분산 발전	가정용 코제너레이션 자동차용 모바일기기용

표 1-2 | 연료전지의 종류

이 가운데 지상에서의 전원을 목적으로 적극적으로 개발되고 있는 것은 인산형(PAFC), 고체 고분자형(PEFC 혹은 PEMFC), 직접 메탄올형(DMFC), 용융 탄산염형(MCFQ), 고체 산화물형(SOFQ) 연료전지다. 앞서 설명했듯 우주용에서는 알칼리형(AFC)이 사용되고 있다. AFC의 지상 이용이 고려되지 않는 이유는 CO_2의 분위기에서는 성능 열화(劣化)가 현저하고 탄화수소계 연료가 적용되지 않기 때문이다. 그러나 AFC는 발전 효율이 높고 비용 역시 대폭 경감되는 이점도 있어 장래 실용화될 가능성이 남아 있다.

연료전지는 그 종류에 따라 동작 온도가 크게 다르고, 그 때문에 출력 규모와 이용 분야 등에 따라 예상되는 이용처도 달라진다. 예를 들어 PAFC, PEFC는 비교적 저온에서 동작하므로 저온형 연료전지로 취

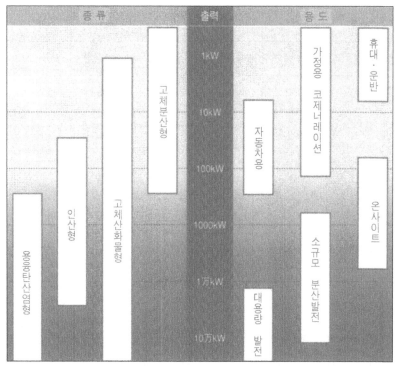

표 1-3 | 연료전지의 종류와 이용 분야

급되기도 하며, 분산형 코제너레이션 전원이나 자동차용 동력원으로 시장 개척이 추진되고 있다.

이에 비하여 용융 탄산염형 및 고체 산화물형은 각각 600℃ 이상 및 800~1,000℃의 고온에서 동작하므로 연료전지이기는 하지만 열기관적인 요소가 있어 코제너레이션보다는 오히려 중규모 발전 플랜트로 다루어지는 일이 많다.

그러나 SOFC는 출력이 수 kW에서 10kW의 소규모 모듈로서의 개발

종류	PAFC	MCFC	SOFC	PEFC	AFC
전해질	H_3PO_4	용해탄산염	세라믹스	고분자막	KOH/H_2O
작동 온도(℃)	200	650	800~1,000	80	60~80
연료	H_2/개질가스	H_2/CO 개질가스	H_2/CO/CH_4 개질가스	H_2/개질가스	H_2
개질방식	외부	외부/내부	외부/내부	내부	
산화제	O_2	CO_2/O_2/공기	O_2/공기	O_2/공기	O_2/공기
발전 효율	36~45	45~55	45~60	32~40	50~60

표 1-4 | 각종 연료전지의 비교

이 추진되고 있으며, 가정이나 자동차의 보조 전원을 포함한 폭넓은 범위에서 실용화가 기대된다. DMFC는 PEFC와 마찬가지로 상온 가까운

온도에서 동작하므로 자동차 엔진으로서의 이용도 검토되고 있지만 더 작은 휴대용 전원으로서의 이용에 적합하다.

최근에는 휴대전화나 랩톱 컴퓨터용 전원으로 실용화하려는 경향이 강한 추세다.

[표 1-4]는 각종 연료전지의 성능을 비교한 것이다.

4. 연료전지 셀의 동작 원리

연료전지의 동작을 좌우하는 기본적인 최소 단위를 '셀(cell)'이라고 한다. 셀은 연료극 및 공기극(또는 산소극)으로 구성되는 한 쌍의 전극이다. 이 한 쌍의 전극 사이에 끼어서 존재하는 얇은 전해질 및 두 전극을 결합하는 외부 회로로 구성된다.

전해질은 이온의 통로이고, 전자는 통과하지 못한다. 만약 전해질이 전자를 통과시키게 되면 그것은 누설전류가 되므로 그만큼 연료전지의 출력은 떨어지게 된다.

전해질의 종류에 따라 연료전지의 종류가 다르며, 전극에서는 연료전지의 종류에 따라 전기 화학 반응이 다르게 나타난다.

예를 들어 PAFC와 PEFC의 경우 연료극에 수소가 공급되면 전극 반응으로 수소원자에서 전자가 해방되어 수소이온을 발생함과 동시에 전자는 외부 회로를 거쳐 공기극에 도달한다. 이 외부 회로를 통과하는 전자가 외부에 일을 하기 위한 (공기극에서 연료극 방향으로 흐르는) 전류를 구성한다.

한편, 전해질 속 수소이온은 연료극에서 공기극 방향으로 이동하고, 공기극에서는 수소이온, 전자 및 외부에서 도입된 산소가 결합하여 물을 생성한다.

즉, 연료극에서는 수소의 산화 반응이 진행되고 공기극에서는 산소의 환원 반응이 일어난다. 전기 화학에서는 산화 반응(전자 방출)을 일으키는 전극을 '애노드(anode)'라 하고, 환원 반응(전자 흡수)을 하는 전극을 '캐소드(cathode)'라고 한다. 따라서 연료극은 애노드, 공기극은 캐소드가 된다.

이론적으로 캐소드의 전위는 애노드의 전위에 비해 1.23V 높지만 전류가 흐르면 전극상에서 분극 현상이 일어나 전위차(전지 전압)는 1볼트 이하로 떨어진다. 이 현상에 대해서는 뒤에서 자세히 설명하려 한다.

이렇게 전자와 이온의 흐름으로 연료전지 안에 폐회로가 형성되지만 연료전지의 종류에 따라 전극 반응은 다르다. 예를 들어 AFC에서는 캐소드에서 생성된 수산화 이온이 애노드로 이동하고 MCFC에서는 탄산염 이온(CO_3^{2-})이, 또 SOFC에서는 산소이온 (O^{2-})이 모두 전해질 속에서 캐소드에서 애노드로 이동한다.

PAFC와 PEFC에 대하여 전극 반응을 식으로 표시하면 다음과 같이 된다.

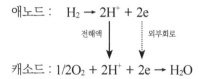

애노드 : $H_2 \rightarrow 2H^+ + 2e$

전해액 ↓   외부회로 ↓

캐소드 : $1/2O_2 + 2H^+ + 2e \rightarrow H_2O$

이 경우 전극 촉매로는 백금 또는 백금·루테늄 합금이 사용된다. 특히 개질가스를 연료로 도입하는 경우에는 개질가스 속에 포함되는 일산화탄소(CO)에 의해 백금 촉매의 활성이 열화되므로 이를 방지하기 위해 애노드에서 백금·루테늄을 사용한다.

전해질로 탄산리튬과 탄산칼륨의 2성분 혼합물, 또는 탄산나트륨의 혼합물을 사용하는 용융 탄산염형 연료전지(MCFC)는 작동 온도가 600℃ 이상이고, 전극 반응은 다음과 같이 나타낸다.

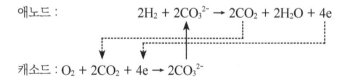

애노드 : $2H_2 + 2CO_3^{2-} \rightarrow 2CO_2 + 2H_2O + 4e$

캐소드 : $O_2 + 2CO_2 + 4e \rightarrow 2CO_3^{2-}$

이 연료전지에서는 이산화탄소(CO₂)가 애노드에서 캐소드로 외부에서 공급되어야 한다.

MCFC에서는 CO의 산화 반응에 의한 발전이 가능하므로 석탄가스화 가스 발전에 이용할 수 있으리라고 내다본다. CO의 애노드에서 전극 반응은 다음과 같다.

$$CO + CO_3^{2-} \rightarrow 2CO_2 + 2e$$

캐소드에서의 반응은 수소의 경우와 같다.

고체 산화물 연료전지(SOFC)에서는 이온 전도성이 비교적 높고 산화·환원의 광범위한 분위기에서 화학적으로 안정된 이트리아 안정화 지르코니아(YSZ) 등의 세라믹스가 전해질로 사용된다. SOFC는 작동온도가 1,000℃로 높고, 연료가 수소인 경우의 전극 반응은 다음과 같다.

애노드 : $\qquad$ $H_2 + O_2 \rightarrow H_2O + 2e$
캐소드 : $1/2O_2 + 2e \rightarrow O^{2-}$

CO를 연료로 사용하는 경우 애노드(연료극)에서의 반응은 다음과 같다.

애노드 : $CO + O^{2-} \rightarrow CO_2 + 2e$

캐소드에서의 반응은 수소의 경우와 같다.

SOFC는 작동 온도가 매우 높으므로 메탄 개질 없이 직접 애노드에서 전극 반응시키는 것이 가능하다. 이 경우 애노드에서의 반응식은 다음과 같다.

애노드 : $CH_4 + 4O^{2-} \rightarrow 2H_2O + CO_2 + 8e$

그리고 MCFC 및 SOFC와 같은 고온형 연료전지에서는 애노드에서의 촉매로 니켈이 사용된다.

AFC에서의 전극 반응은 다음과 같이 나타낸다.

애노드 : $\qquad H_2 + 2(OH)^- \rightarrow 2H_2O + 2e$

캐소드 : $1/2O_2 + H_2O + 2e \rightarrow 2(OH)^-$

음이온이 KOH 수용액 속을 캐소드에서 애노드 방향으로 이동한다.

PAFC, PEFC 및 DMFC에서는 모두 양의 전하를 가진 수소이온이 애노드에서 캐소드 방향으로 흐르지만 MCFC 및 SOFC는 이와는 다른 전극 반응을 나타내는데, 전해질을 이동하는 이온은 MCFC에서는 CO_3^{2-}가, SOFC에서는 O^{2-}가 캐소드에서 애노드 방향으로 이동한다.

즉, 음의 전하를 가진 산화물 이온이 애노드에 수송되므로 반응 생성물은 애노드에서 생성되어 연료가스와 혼재하게 된다. 이 때문에 연료 이용률이 낮아진다는 문제가 제기된다.

DMFC는 메탄올 수용액을 직접 애노드에, 산소(공기)를 캐소드에 공급함으로써 발전할 수 있는 연료전지이고, 그 전극 반응은 다음과 같다.

애노드 : $CH_3OH + H_2O \rightarrow 6H^+ + CO_2 + 6e$

캐소드 : $\qquad\qquad 6H^+ + 3/2O_2 + 6e \rightarrow 3H_2O$

전체적으로는 다음과 같이 메탄올의 연소 반응과 동일하다.

$$CH_3OH + 3/2O_2 \rightarrow 2H_2O + CO_2$$

CO_2는 애노드에서, 수분은 캐소드에서 배출된다.

〈참고문헌〉

1) A. J. Appleby; F. R. Foulkes; Fuel Cell Handbook, Van Nostrand Reinhold, p10
2) J. Brouwer; Fuel Cell Fundamentals, Fuel Cell Seminar Short-Course Outline, Nov.18, 2002

2장

수소의 물성과
생산·생성 기술

1. 수소의 발견과 이용의 역사

(1) 수소의 발견

20세기의 위대한 천문학자인 할로 섀플리(Harlow Shapley)는 "만약 신이 말 한마디로 세계의 창조를 표현한다면 그 말은 틀림없이 '수소' 일 것이다."라고 했다. 우주 창조에 관한 이론에 따르면 빅뱅에 의해 창출된 입자의 바닷속에서 맨 먼저 탄생한 원자는 수소였다. 그 시점에 우주를 구성하는 원자의 92%가 수소였고 나머지는 전부 헬륨이었다. 그로부터 150억 년이 지난 현재, 수소는 약 90%, 헬륨은 9%이다.

태양은 핵융합 반응으로 매초 6억 톤의 수소를 헬륨으로 변환시키고 있으며, 그 과정에서 발생하는 빛과 열이 지구에서 생물이 생존할 수 있는 환경을 만들어 내고 있다. 한편, 행성의 탄생과 소멸을 반복하는 과정에서 수소보다 무거운 원자가 만들어졌다.

수소를 최초로 발견한 사람은 속칭 '파라켈수스'로 불린 필리푸스 아우레올루스 테오프라스투스 봄바스투스 폰 호엔하임(Philippus Aureolus Theophrastus Bombastus von Hohenheim, 1493~1541)으로 기록돼 있다. 그는 르네상스 시대의 물리학자로, 연금술사이기도 했으며 산소와 금속이 반응하여 화염을 내는 현상을 발견했다.

그러나 수소는 다른 물질에서 분리하여 채취할 수 있는 독립된 물질이라는 것을 발견한 사람은 영국의 과학자인 헨리 캐번디시(Henry

Cavendish, 1731~1810)였다. 그는 수소를 '타기 쉬운 공기(inflammable air)'라고 부르며 최초로 수소와 산소로부터 물을 생성하는 데 성공했다. 그 후에 프랑스 과학자인 앙투안 라부아지에(Antoine Lavoisier, 1743~1794)는 캐번디시의 실험을 발전시켜 '타기 쉬운 공기'를 '수소(hydrogen)'라 명명했다. 그는 1794년에 처형되었다.

(2) 힌덴부르크호의 화재 사고

수소 이용의 역사에는 흥미로운 일화가 많이 숨어 있다. 그중에는 비행선 힌덴부르크(Hindenburg)호 사고도 포함돼 있다.

여러 기체 중에서도 수소는 가장 가벼운 기체이기 때문에 공중을 유영하기 위한 수단으로 이용되었다. 1983년 수소를 실은 기구가 처음으로 하늘을 날았고 이는 비행선의 발명으로 이어졌다. 그 후에 비행선은 대형화와 고속화의 길을 걷다가 드디어 인간을 태우고 하늘을 비행하는 수송 수단으로까지 발전했다. 그러나 20세기에 들어와서 발생한 유명한 힌덴부르크호 폭발 사고는 사람들에게 수소의 위험성을 인식시키는 계기가 되었다.

당시 힌덴부르크호는 가장 큰 비행선이었으며, 수소를 가득 채운 큰 팩의 부력으로 공중을 유영했다. 비행 속도는 시속 128km를 기록했고, 1937년 5월 어느 운명적인 날까지 브라질과 북아메리카를 향하여 무사고로 항행을 계속했다. 독일의 프랑크푸르트에서 출발한 이 비행선은 1937년 5월 6일 천둥 번개 속에서 뉴저지주 레이크허스트에 도착

했다.

이때 비행선은 붉은 섬광을 내면서 폭발했고, 30초 후에 추락하여 탑승자 97명 중 35명이 사망한 것으로 기록되어 있다. 이 사고는 20세기에 발생한 큰 비극 중 하나로 지금까지도 사람들의 기억 속에 남아 있다. 당시 미국과 독일 조사단은 비행선 커버 밑에 실려 있던 수소가 공기와 혼합해 인화하면서 화염을 낸 것이라고 결론을 내렸지만 저압 수소는 연소해도 불꽃을 일으킬 리가 없었다.

과거에 NASA에서 과학자로도 근무한 적이 있는 에디슨 베인(Addison Bain)은 장장 9년간에 걸쳐 이 비극의 원인을 추적했고, 당시 자료를 다시 조사하며 목격자의 이야기를 듣고 실제로 실험하기도 했다. 그와 독일 과학자들은 '사고 원인은 커버에 칠해진 도료가 공기 중 정전기 때문에 인화해 연소했기 때문'이라는 결론에 도달했다. 도료는 로켓 연료와 비슷한 성분으로 이루어져 있어 인화·연소되기 쉽다.

당시 조사에 참여했던 독일 전기기사 오토 베이어스도프(Otto Beyersdorff)도 커버 재료의 정전기로 인한 인화설을 주장했다는 기록이 남아 있다. 그러나 수소가 화염의 확산 속도를 촉진하는 역할을 한 것은 의심의 여지가 없다.

힌덴부르크호의 사고 원인이 수소가 아니었다고 해서 수소가 안전한 연료라는 의미는 아니다. 그러나 수소는 가솔린 등 액체 연료와 비교하면 안전성 면에서 유리한 면이 있다. 가솔린은 휘발성이기 때문에 누출되면 가스화해 불꽃에 의해서 쉽게 인화하고, 또 가솔린의 비산으로 화재가 확산될 가능성은 있지만 수소는 확산성이 강한 가스이고 신속하게 대기 속으로 방산하며 특히 독성이 없다.

(3) 석유를 이용한 수소 생성

인류가 수소를 대량으로 생산할 수 있게 된 것은 1780년경이었고, 이는 영국에서 최초로 실현되었다. 석탄의 가스화 공정 중에 수소를 포함한 가연성 가스가 생성되었다. 이 석탄가스화 가스는 석탄을 가열 혹은 환원성 분위기에서 산소(공기)와 반응하여 생성되는 2차 에너지인데, 이 성분에는 수소 이외에 일산화탄소, 탄산가스, 수증기, 질소가 포함돼 있다.

당시의 주요 1차 에너지는 석탄이었고, 석탄가스화 가스는 그 편리성과 환경성으로 조명과 난방, 도시가스로 환영받아 2차 에너지로 사회에 폭넓게 정착했다.

20세기에 들어 물을 이용해 수소와 산소를 생성할 수 있다는 과학적 지식을 바탕으로 물이 무진장한 에너지 자원이 될 수 있다는 말이 과학소설에도 등장했다. 1893년 영국 소설가 맥스 펨버튼(Max Pemberton)은 베스트셀러가 된 미래소설 『철의 해적선(The Iron Pirate)』에서 강력한 엔진을 장착해 놀랄 만한 속도로 달리는 해적선이 대서양에 출몰하는 내용을 다루고 있다.

그가 소설에 등장시킨 해적선은 그린란드를 기지로 삼아 증기도, 연기도 배출하지 않는 강력한 기관을 가졌다고 나와 있는 것으로 보아 수소를 연료로 사용했으리라고 추정되고, 증기가 코크스나 무연탄로(無煙炭爐)를 통과할 때 발생하는 가스라는 표현으로 짐작건대 석탄에서 수소를 생성한 것으로 보인다.

(4) 화학공업의 발전과 수소

수소는 에너지 이외의 분야에서도 이용되었다. 19세기 후반, 화학이 진보하면서 화학공업이 획기적으로 발전했으며 이 과정에서 수소는 각종 화학합성 반응에 사용돼 염료공업 등 화학공업 발전에 크게 공헌했다. 특히 20세기 초반, 독일에서 개발된 수소와 질소에 의한 암모니아 합성 기술은 화학공업 역사상 획기적인 성과 중 하나였고, 그 후 산업과 촉매 화학 발전에도 커다란 영향을 미쳤다.

20세기에 들어 석탄을 대신해 편리성이 뛰어난 석유가 1차 에너지의 왕좌를 차지하게 되었고, 그와 더불어 석탄가스는 점차 자취를 감추고 있다. 그러나 수소는 석유 시대에 들어서도 섬유나 플라스틱 등 석유화학 제품의 보급과 더불어 공업용 소재로 입지를 굳히게 되었다.

수소는 현재도 금속 제품 및 반도체 제조에서 주요한 역할을 하고 있다. 실리콘 반도체에 사용되는 실리콘은 고순도여야 하므로 수소가스가 선호되기 때문이다.

오늘날 전 세계 수소의 연간 생산량은 5,000억 Nm^5이고 그 대부분은 천연가스 등 화석연료에서 생산되며, 암모니아 합성, 석유정제, 메탄올 합성에 주로 사용된다.

⑸ 수소와 근대 물리학의 탄생

20세기에 들어 수소는 과학자들의 흥미의 대상이 되었다. 어떤 물리학자는 "수소를 이해하는 것은 곧 물리학을 이해하는 것이다."라고 표현할 정도였다. 원자나 우주의 진화를 이해하는 데는 수소 연구가 불가결하며 양자역학과 양자전자기학의 탄생을 이끌기도 했다. 또한 수소 연구를 응용해 MRI 의료기기를 발명하기도 했다.

20세기 중반에 이르러 과학자뿐만 아니라 선진국 정부는 태양에서 일어나는 핵융합 현상을 지구에서도 재현하려는 연구에 자원과 정력을 투입했다. 제어되지 않은 상태에서의 핵융합은 이미 실현됐고, 이로써 수소폭탄이 완성됐지만 반응을 제어한 후에 전력을 얻어내는 기술은 아직 실현되지 않고 있다. 금세기에 우리가 핵융합의 혜택을 누리게 된다면 태양을 통한 재생 가능 에너지의 이용 덕분일 것이다.

수소를 더욱 손쉽게 추출하려는 시도는 20세기에 걸쳐 강화됐다. 그중에서도 특히 유명한 성과는 NASA가 실시한 컴팩트하고 가벼운 인공위성용 연료전지 개발 프로젝트였다.

그러나 연료전지의 상용화, 시장 도입과 수소에너지 사회의 실현은 그렇게 쉽지만은 않다는 것이 밝혀졌다. 예컨대, 자동차용 동력원으로 대체할 수 있는 연료전지가 실용화한다 하더라도 진정한 수소 사회를 실현하기 위해서는 CO_2 배출을 수반하지 않는 대량의 수소를 생산하는 수단을 찾아내야 하며 이 문제는 아직 미해결 상태다.

2. 수소의 특성

(1) 원자 및 분자 구조의 모델화

수소는 지구상에 존재하는 많은 원소 중에서 가장 간단한 구조를 가진 원자 H이다. 수소의 원자번호는 1이고, 수소 원자는 1개의 전자와 1개의 양성자로 된 원자핵(프로톤)으로 이루어져 있다.

고정적인 원자 모델인 보어 모형(Bohr model)에서는 양성자 주위의 궤도를 1개의 전자가 회전하고 있는 형태이지만 현대의 양자역학에 의하면 수소 원자 속의 전자는 원자핵 주위에 어떤 확률로 구(球)대칭으로 존재하고 있으며 원자핵에서 멀어짐에 따라 그 존재 확률은 낮아진다.

이와 같은 양자역학적 모델이 있기는 하지만 고전적인 전자 궤도 모형은 원자의 결합 상태와 에너지 수소 상태에 관한 직관적인 설명에 유효하다. 원자핵을 중심으로 전자가 회전하는 궤도는 하나가 아니라 안쪽에서 바깥쪽으로 몇 개의 궤도가 존재하며, 그중에서 가장 안쪽에 있는 궤도를 '1s 궤도'라고 한다.

이 1s 궤도에는 2개의 전자가 들어갈 수 있다. 1s 궤도를 2개의 전자가 점유하는 경우 그 이상의 전자는 이보다 더 바깥쪽의 궤도를 차지하게 된다. 보어 모형에 의하면 1s 궤도의 바깥쪽에는 2s, 2p 궤도가

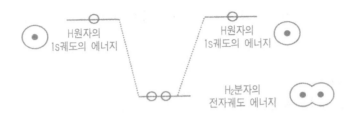

그림 2-1 | 수소 분자의 구조와 공유결합에 의한 안정화

존재하며, 2s에는 2개의 전자가, 2p에는 6개의 전자가 들어갈 수 있다.

전자의 수가 이보다 더 늘어나면 3s, 3p, 3d 궤도로, 바깥쪽 궤도를 전자가 점유하게 된다. 그리고 바깥쪽 궤도에 있는 전자일수록 높은 에너지 상태에 있으므로 다른 원자와의 결합에 관여하기 쉬워진다. 수소 원자의 전자 수는 1개이므로 이 전자는 1s 궤도에 들어가지만 1s 궤도의 전자 수는 2개이므로 전자 1개를 더 받아들일 수 있다.

일반적인 조건에서 단일 원자 상태로 존재하는 원소는 헬륨, 네온, 아르곤 같은 극히 일부 종류로 국한되며, 대다수 원자는 같은 원소의 원자끼리, 또는 다른 원소의 원자와 결합하여 화합물로 존재한다. 수소에서는 2개의 원자가 결합하여 수소 분자 표를 만들어 낸다는 것은 널리 알려진 사실이다.

수소 원자는 1s 궤도에 1개의 전자를 가지고 있으며, 이 전자가 수소 원자의 결합에 관여한다. 1s 궤도에는 2개까지 전자가 들어갈 수 있지만 두 수소 원자의 1s 궤도가 겹쳐 각 원자로부터 전자가 1개씩 들어가면 각 원자 쪽에서 볼 때 1s 궤도는 2개의 원자로 채워진 것이 된다.

즉, 2개의 전자를 2개의 원자가 공유함으로써 보다 안정된 상태(에너지 준위가 낮은 상태)를 이루는 셈이기 때문에 이 같은 결합을 '공유결합(共有結合)'이라고 한다. 이 경우 수소 분자는 2개의 원자핵 주위에 2개의 전자가 타원형의 밀도 분포로 존재한다.

(2) 수소의 물성

수소는 몇 가지 특이한 성질을 가지고 있다. 먼저 앞서 설명한 원자 및 분자 구조로도 알 수 있듯 수소는 모든 분자 중에서 가장 가벼운 기체이다. [표 2-1]은 몇 가지 대표적인 가스의 밀도를 비교한 것이다.

가스의 종류	0℃, 1기압에서의 밀도(g/㎤)	공기를 1로 했을 때 상대값
수소	0.090	0.07
메탄	0.716	0.56
헬륨	0.179	0.14
산소	1.43	1.11
공기	1.29	1.00
탄산가스	1.98	1.59

표 2-1 | 수소가스를 포함한 대표적인 가스의 밀도

두 번째 특성은 비점이 −253℃라는 것인데, 이는 비점이 −269℃인 헬륨 다음으로 낮은 온도이다. 따라서 수소가스를 액화하려면 큰 에너지가 필요하고, 또 액체수소를 저장하기 위해서는 열 절연이 어렵다.

일반적으로는 액체수소를 소량 증발시켜 증발 잠열을 이용해 저온을 유지하는 방법을 쓰지만 이 경우 보일오프 가스(Boil Off Gas)를 적절하게 방출할 필요가 있으므로 수소의 저장량을 감소시키게 된다.

세 번째로 수소는 열에 대하여 안정하고, 열로 직접 해리(dissociation) 시키기 위해서는 약 5,000℃의 고온열이 필요하다. 또 수소는 산소와의 결합도 강하고, 물을 열로 직접 분해하기 위해서는 2,500℃ 이상의 고온열이 필요하다. 현재 일본의 원자력연구소 등에서는 고온가스의 열로 물을 분해하여 CO_2를 전혀 배출하지 않고 수소를 생성하는 기술을 개발하고 있다.

여기에는 미국의 제너럴 아토믹스사가 고안한 'IS 프로세스'라는 기술이 이용되는데, 원료수를 아이오딘(I_2) 및 산화황(SO_2)과 반응시켜 생성되는 아이오딘화수소(HI) 및 황산(H_2SO_4)에 아이오딘화 수소분해 반응과 황산 분해 반응을 조합함으로써 물을 저온으로 분해하는 기법이다. IS 프로세스를 사용하면 800℃ 이하의 온도에서 물의 분해 반응이 가능하다. 이것을 화학방정식으로 나타내면 다음과 같다.

분젠(Bunsen) 반응 : $2H_2O + I_2 + SO_2 \rightarrow 2HI + H_2SO_4$

아이오딘화 수소 분해 반응 : $2HI \rightarrow H_2 + I_2$

황산 분해 반응 : $H_2SO_4 \rightarrow H_2O + SO_2 + 1/2O_2$

위의 세 화학 반응을 합계하면 다음과 같은 식이 얻어진다.

$$H_2O \rightarrow H_2 + 1/2O_2$$

온도가 가장 높은 것은 황 분해 반응이지만 온도 범위는 400~800℃에 지나지 않는다.

네 번째 특징은 수소가 물과 기타 용매에 녹기 어려운 성질이 있는 한편, 팔라듐 (Pd), 백금(Pt), 니켈(Ni), 티타늄(Ti), 철(Fe) 등의 금속에 대해서는 다량의 수소가 흡수 저장된다는 점이다. 이와 같은 특성을 이용하여 수소의 순도를 높이기 위한 수소 정제와 금속수소화물(metal hydride)에 의한 수소 저장 방식이 모색되고 있다.

다섯 번째 특성은 수소가 많은 원소나 화합물과 반응하는 경향이 있지만 특히 산소와는 폭발적으로 반응한다는 점이다. 그러나 단위 mol(체적)당 연소열은 메탄이나 프로판 등 탄화수소계 연료에 비해 적다. 전자는 수소를 2차 에너지로 이용하려 할 때 안전성에 문제가 될 수 있으며 후자의 특성은 수소를 연료로 비축하려 할 때 문제가 될 수 있다.

수소는 상온에서 반응성이 떨어지지만 온도가 높을 때나 촉매가 있을 때 다른 원소나 화합물에 대한 반응성이 높아진다. 특히 수소와 산소는 550℃ 이상으로 가열하거나 점화하면 폭발하여 산소수소 폭명기 반응을 일으킨다. 또 폭발을 일으키는 농도 범위는 하한이 4%, 상한이 74%로 매우 폭넓기 때문에 수소를 다룰 때는 누설 등으로 인해 공기가 혼합되지 않도록 세심한 주의를 기울여야 한다.

[표 2-2]는 각종 가연성 가스의 폭발 한계를 정리한 것이고, [표

2-3]은 각종 연료의 연소열을 나타낸 것이다.

가연성 가스	폭발 한계(vol%)	
	하한	상한
수소(H_2)	4.0	74.2
일산화탄소(CO)	12.5	74.2
메탄(CH_4)	5.0	15.0
프로판(C_3H_8)	2.1	9.4
핵산(C_6H_{14})	1.2	7.4
벤젠(C_6H_6)	1.4	7.1
아세틸렌(C_2H_2)	2.5	80.0

표 2-2 | 폭발 한계 농도

가스	1mol당 연소열(kJ/mol)	중량당 연소열(kJ/g)
수소(H_2)	285.8	141.8
메탄(CH_4)	890.4	74.2
에테인(C_2H_6)	1560	52
프로판(C_3H_8)	2204	50.1

표 2-3 | 각종 연료의 연소열

위의 표를 보면 수소는 단위 mol당 연소열은 적지만 가볍기 때문에 단위 중량당 연소열이 크고 메탄의 2배에 가깝다. 그러나 수소는 연소시켜도 탄산가스를 발생하지 않으므로 환경보전 측면에서는 매우 좋은 연료라고 할 수 있다.

〈참고문헌〉

1) Joseph J. Romm; The Hype about Hydrogen, Island Press, 2003

2) 文部科学省科学技術政策研究所 科学技術同行研究所センター「水素エネルギー最前線」工業調査会

3) 本間監修「燃料電池のすべて」工業調査会

4) 井上祥平著「化学」

3. 수소 연료의 생성

(1) 수소 생성 구조와 에너지 사회의 구상

연료전지에서는 수소가 기본적인 연료 구실을 하지만 천연 상태에서는 홀로 존재하지 않으므로 일반적으로 화석연료 등 다른 에너지 자원에서 생성해야 한다. 수소는 매우 청정한 에너지 자원인 동시에 석유·석탄·천연가스 등 각종 화석연료뿐만 아니라 생물자원이나 태양 에너지 같은 재생 가능 자원과 원자핵 에너지를 통해서도 생산할 수 있으므로 지구환경과 자원문제를 해결하는 중요한 역할을 할 것으로 보인다. 또 FCV에 수소를 공급하기 위한 수소 스테이션에서는 수소 공급원으로서 석유정제 공정, 제철업에서의 코크스 제조 프로세스, 식염전해 프로세스 등에서 부산물로 발생하는 수소의 이용이 검토되고 있다.

원자핵에서 수소를 생산하는 방법은 ⑵에서 설명한 바와 같이 고온 가스로에서 방출되는 고온열을 이용하는 방식인데, 여기에 'IS 프로세스'라는 기술이 적용된다. 미국에서는 테러 대책이라는 정치적인 과제도 있어 석유 자원에 의존하는 경향에서 벗어나려는 정책을 추진하고 있으며, 수소에너지의 이용은 이 정책의 실현을 뒷받침하고 있다.

이와 같은 관점에서 수소에너지를 주요 2차 에너지 중 하나로 보고 에너지 시스템을 구축하려는 구상이 세계 각국에서 검토되고 있다. 이와 같은 수소에너지 시스템을 실현한 사회를 우리는 '수소에너지 사회(Hydrogen economy)'라고 한다. 그리고 연료전지 기술은 수소에너지 사회를 실현하기 위한 가교 역할을 하는 동시에 핵심 기술로 자리 잡고 있다.

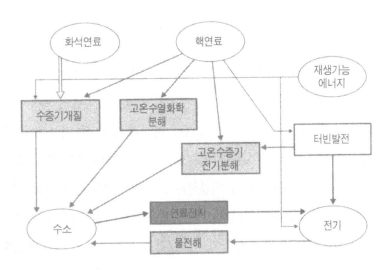

그림 2-2 | 수소 생성도

여기서는 연료전지에 수소를 공급하기 위해 연료전지 시스템의 한 프로세스로 이용되고 있는 '개질(改質)'에 대하여 설명하려 한다.

PAFC나 PEFC와 같은 저온에서 동작하는 연료전지의 경우 전기 화학 반응을 촉진하기 위해 백금과 같은 귀금속이 촉매로 사용된다. 백금계 촉매를 전극으로 사용하는 저온동작 연료전지에서는 촉매가 CO에 의해 피독(被毒)하여 그 성능을 열화시키기 때문에 개질가스 중의 CO 농도를 낮게 억제할 필요가 있으므로 CO 제거를 위한 프로세스가 부가된다.

이 경우 개질 공정은 일반적으로 탈황, 개질 반응, 시프트 반응, 선택 산화의 각 반응 과정으로 구성된다.

한편, MCFC나 SOFC와 같은 고온형 연료전지에서는 CO를 연료로 이용할 수 있으므로 CO 제거 공정이 필요 없다. 또 연료전지 스택(stack) 내에서 개질 반응을 일으킬 수 있으며 이와 같은 개질 방식을 '내부 개질형'이라 한다. 반면, 개질 장치를 연료전지 스택 밖에 두는 방식을 '외부 개질형'이라 한다.

(2) 탈황 프로세스

화학연료 등 일반적으로 탄화수소계 연료에는 간혹 황 성분이 포함된 경우가 있다. 예를 들어 도시가스는 가정용 연료전지의 유력한 연료이지만 도시가스에는 유기황이 첨가돼 있다.

그러나 황 성분이 개질 장치 및 연료전지에 도입되면 그 공정에서 탄소의 석출을 조장하고 사용되고 있는 촉매의 성능을 열화시키므로 개질 전 단계에 탈황 프로세스 설치가 요구된다.

탈황 프로세스는 유기황을 황화수소로 변환하는 '수첨(水添) 탈황'과 황화수소를 산화아연(ZnO)에 의해서 황을 흡착 반응시키는 흡착 프로세스로 구성된다. 보통 방식에서는 수첨 탈황은 350℃의 온도에서 진행하고 Ni-Mo계 및 Co-Mo계 촉매가 많이 사용된다. 흡착 탈황에서의 반응은 다음과 같이 나타낸다.

$$ZnO + H_2S \rightarrow ZnS + H_2O$$

(3) 수증기 개질

탄화수소계 연료 C_nH_m의 수증기 개질에서는 다음과 같은 반응에 의해 수소와 CO가 생성된다.

$$C_nH_m + nH_2O(g) \rightarrow nCO + (n+(m/2))H_2 \qquad \text{(흡열 반응)}$$

연료가 메탄가스(CH_4)인 경우는 다음과 같이 나타낸다.

$$CH_4 + H_2O(g) \rightarrow CO + 3H_2 \qquad T_0 = 960.7K$$

이 반응에서는 일반적으로 Ni 촉매가 사용된다. 단, T_0는 전이온도라고 하며, 반응이 일어날 때 온도가 가늠된다. 이 반응은 보통 700℃ 이상의 온도에서 일어나지만 흡열 반응 때문에 외부로부터 열 공급이 필요하다. 가정용 PEFC 시스템의 경우는 Ru계 촉매를 사용해 650~700℃의 분위기에서 진행하기도 한다.

(4) 시프트 반응

저온형 연료전지처럼 백금계 금속을 전극 촉매로 사용할 때는 촉매가 독의 영향으로 그 성능이 열화하기 때문에 다음과 같은 시프트 반응으로 CO를 산화하여 CO_2로 전환한다.

$$CO + H_2O(g) \rightarrow CO_2 + H_2 \qquad \text{(발열 반응)} \qquad T_0 = 980.0K$$

메탄가스의 경우 개질 반응과 시프트 반응을 가하면 다음과 같다.

$$CH_4 + 2H_2O \rightarrow 4H_2 + CO_2 \qquad T_0 = 956K \cdots\cdots (2\text{-}1)$$

따라서 1mol의 메탄가스와 2mol의 수증기에서 4mol의 수소와 1mol의 탄산가스가 생산되지만, 일반적으로 수증기에 대해서는 반응에 필요한 양보다 과잉 사용되고 있다.

이는 카본의 석출을 피하기 위함인데, 연료전지 효율을 높이고 여분의 수증기 가열이나 순환을 피하기 위해 S/C가 낮아야 바람직하다.

시프트 반응의 촉매로는 일반적으로 Fe-Cr계(고온), Cu-Zn계(저온)가 사용된다. Cu-Zn 촉매는 공기와 접촉하면 산화하여 저온 측의 활성이 저하되므로 정지 시 연료 처리 용기 안에 공기가 유입되면 성능 열화를 일으킬 가능성이 있다. 따라서 기동·정지가 빈번한 가정용 PEFC 시스템에서는 산화 열화가 쉽게 발생하지 않는 백금(Pt)이나 팔라듐(Pd) 같은 귀금속 촉매가 사용된다.

4. 수소 생성 기술

앞에서 설명한 바와 같이 연료전지는 몇 가지 종류가 있으며, 그 동작 온도는 상온역에서 1,000℃에 이르는 고온역까지 광범위하다. 화학 반응은 저온에서 속도가 느리므로 PEFC, PAFC와 DMFC 같은 저온동작 연료전지에서는 전극 반응을 촉진하기 위해 백금과 같은 귀금속이 사용된다.

반면, MCFC나 SOFC는 동작 온도가 높으므로 수소 이외의 연료를 전극에서 직접 반응시키는 것이 가능하다. 또 수소의 순도 요건도 엄격하다.

백금 촉매를 전극으로 사용하는 PEFC에서는 CO의 진입으로 백금이 촉매 활성을 상실하므로 애노드에 공급되는 수소가스의 순도 기준이 엄격하다. 이를 막기 위해 백금·루테늄 합금이 촉매로 사용되지만 그래도 내구성을 고려하여 CO 농도는 10ppm 이하로 설정하고 있다. 특히 수소를 연료로 사용하는 FCV의 경우 애노드에서 배출된 수소를 피드백해 재사용하는 연료 순환 사이클이 적용되는데, 이 순환 사이클에서 수소 속에 포함되는 불순물이 농축되므로 연료탱크에 도입되는 수소의 순도는 필히 높아야 한다.

여기서는 수소의 순도를 높이기 위한 대표적인 수소 정제 기술 몇 가지를 소개한다.

(1) 선택 산화 반응에 의한 CO 제거

PEFC를 사용한 가정용 코제너레이션 등에서는 일반적으로 CO 시프트 반응 후에 선택 산화 반응을 이용하여 CO 농도를 10ppm 이하로까지 억제하고 있다. 시프트 반응을 통과한 개질가스는 수소, CO, CO_2, 미반응의 메탄 및 수증기를 포함하고 있으므로 이들 성분 중에서 CO만을 선택적으로 산화하여 CO_2로 변환하는 것이 선택 산화 반응이다. 반응식은 다음과 같다.

$$CO + 1/2O_2 \rightarrow CO_2$$

이 산소는 시프트 반응기 뒤에서 공기를 도입함으로써 공급된다. 반응식으로 판단하면 등량적으로 산소의 양은 CO의 절반으로도 되겠지만 실제로는 CO에 대하여 1~1.5배 정도가 도입되고 있다. 선택 산화 반응에는 Pt나 Ru 같은 희소 금속이 촉매로 사용된다. 특히 Ru는 물 분자로부터 OH를 흡수하고, 이것이 Pt 표면에 흡착한 CO를 산화시키는 역할을 한다. 100~150℃의 비교적 저온에서 반응이 진행된다.

높은 순도의 수소를 획득하는 방법으로 선택 산화법 이외에 흡수법, 심냉분리법, 흡착법, 막분리법 등이 있지만 여기서는 연료전지와 관련하여 실용화가 검토되고 있는 흡착법과 막분리법을 설명하고자 한다.

(2) 흡착법

흡착법은 각종 가스 흡착제에 대한 흡착능 차이를 이용하는 수소 정제 프로세스로, 특히 PSA법이 공업적으로 광범위하게 사용되고 있다.

PSA(Pressure Swing Adsorption)는 '압력변동 흡착법'이라고도 하며, [그림 2-3]으로 알 수 있듯 수소는 다른 성분 가스와 비교하면 흡착량의 압력 의존성이 작고, 흡착량 자체도 매우 적은 특성을 이용한 저흡착 성분 제조형에 속하는 수소 정제법이다.

현재 공업적으로 보급된 PSA 설비는 복수 흡착

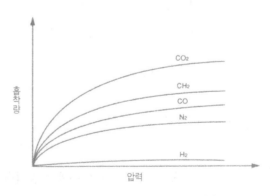

그림 2-3 | 각종 가스 성분의 흡착성 차이

탑에 의해서 구성되고, 탑 안에는 흡착제가 충전돼 있다. 각 탑에서는 '흡착, 감압, 세정(洗淨), 승압'이라는 네 가지 공정으로 이루어진 사이클 동작이 가동되고, 이 동작은 정제가스를 연속적으로 끌어낼 수 있도록 탑 사이에 위상을 엇갈리게 해서 반복하는 운동 패턴으로 되어 있다.

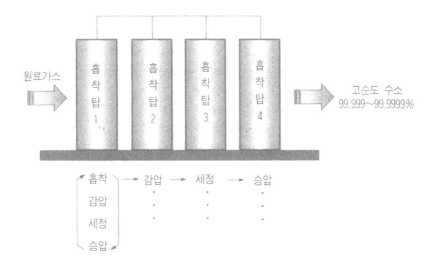

그림 2-4 | 4탑식 PSA 설비의 정제 과정

1사이클의 운전 시간은 보통 15~20분이고, 운전 조건은 5~50기압으로 흡착시킨 다음 상압으로 되돌려 불순물 가스 성분을 탈착 제거한다. PSA법으로는 5N(99.999%)~6N(99.9999%) 순도의 수소가 정제된다. 따라서 고순도 수소 공급이 필요한 FCV용 수소스테이션에서는 PSA법이 사용되고 있다.

(3) 막분리법

막을 통과하는 분자의 확산투과 속도의 차를 이용하여 가스를 분리하는 기법을 '막분리법'이라 한다. 즉, 막의 상류 쪽에 정제하고자 하는 원료 수소를 도입하면 막의 상류와 하류 간의 수소 분압차를 구동력으로 수소의 확산 투과가 일어나 하류 쪽에서 순도가 높은 수소가스가 방출된다. 일반적으로 막분리법은 선택 산화 반응이나 흡착법 등에 비해 에너지 소비량이 적고 소형이어서 간단한 시스템이 가능하다. 또 관리정비도 쉽다는 장점이 있으므로 실용화를 위한 연구개발이 진행되고 있다.

현재 실용 실적이 있는 수소 분리막은 고분자막과 금속계막이며, 고분자막의 재료로는 폴리이미드, 폴리아미드, 폴리설폰 등이 거론되고 있다. 금속계로 실용화되고 있는 것은 팔라듐 합금이다. 연구 대상으로는 제올라이트막과 나노 카본 재료가 검토되고 있다.

고분자막의 경우 대부분의 기체 분자는 고분자 사슬의 격간에 분자 그대로 용해하여 확산하지만 수소의 분자 지름은 다른 분자에 비해 작기 때문에 수소의 확산계수는 다른 분자의 그것보다 커져 확산계수의 차에 의해 수소 분자의 분리가 가능하다.

고분자막은 가격이 저렴하고 오염에도 강하므로 유지관리가 용이하다는 장점이 있고, 석유정제의 오프가스(Off-Gas)에서 수소를 회수하는 등 고순도 수소가 필요하지 않은 곳에서 광범위하게 사용되고 있다.

한편, 금속계 분자막에서는 수소 분자가 해리하여 수소원자로 용해한다. 그리고 용해 및 확산 거동은 고분자막에 비하면 수소 및 다른 가스와 크게 다르다.

만약 금속 표면이 청정하다면 수소 분자는 실온에서 수백 ℃의 온도 범위에서 쉽게 금속 속에 해리·용융하고, 온도를 다시 약간 높이거나 압력을 약간 낮춤으로써 금속 표면에서 수소를 간단하게 끌어낼 수 있다. 그리고 수소의 격자 확산 속도는 다른 불순물 원소와 비교할 수 없을 정도로 크다.

그러나 대다수 금속은 표면에 산화막이 형성되기 때문에 실제로 수소가 금속 표면에서 출입하기가 그리 쉽지 않으며, 이것이 실용화를 가로막는 이유이다.

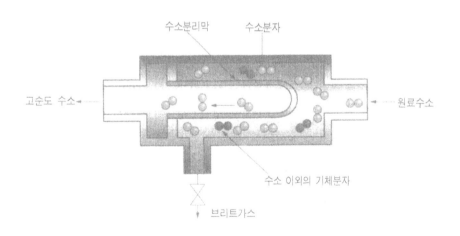

그림 2-5 | 수소 분리막 모듈의 개념도(수소 에너지 최전선)

Pd막이 수소 투과막으로 우수한 이유는 금속 표면에 생성되는 산화막이 수소에 의해 쉽게 환원되기 때문에 Pd 표면에서 수소 분자를 원자로 해리하는 능력이 매우 높아 수소가 쉽게 출입할 수 있기 때문이다. 원자 상태의 수소는 팔라듐 격자의 미소한 격간을 투과하고, 그 결과 순도 7N(99.99999%)에 이르는 초고순도의 수소가 정제된다.

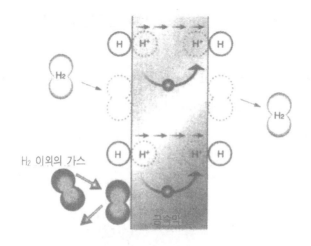

그림 2-6 | Pd막의 수소투과

팔라듐계 금속을 수소 분리막으로 사용하기 위해서는 수소화물의 생성을 억제하여 수소 고용(固溶) 정도를 증대시킬 필요가 있다. 일반적으로 금속에서는 수소압을 높이면 수소 원자가 무작위로 녹아 들어와 금속 중의 수소 농도는 수소압과 더불어 상승한다. 이 수소 원자가 무작위로 녹아든 상태를 '수소 고용체'라고 한다.

수소압 및 농도가 어느 점에 도달하면 수소화물이 생성되기 시작하는데, 수소 고용체는 수소화물과 공존하므로 수소화물이 생성되어도 금속 중의 수소 농도는 상승한다. 이 상태는 일정한 수소압에서 일어난다. 그러나 수소화물이 생성될 만한 영역에서는 막이 취약해 부서지기 쉽기 때문에 금속 분리막으로 사용할 수 있는 것은 수소가 금속 속에 무작위로 고용된 영역(온도, 압력)에서이다.

위와 같은 조건으로 각종 금속 합금의 특성이 탐사된 결과, 수소 분리막으로 적합한 재료로 Pd·Ag 합금으로 대표되는 팔라듐계 합금이 개발되었다. 팔라듐 합금은 높은 수소 투과성을 지님과 동시에 대(對) 산화성 및 수소 해리 성능이 우수하지만 낮은 온도에서는 수소 투과성이 낮아져 300℃ 이하의 온도에서 사용하기에는 적합하지 않다. 게다가

	막분리법		PSA법
	고분자막	금속막	
동작 원리	작은 기공을 통과하는 기체 분자의 확산 속도 차	금속 격자 속의 원자 확산 속도 차	가스 성분의 흡착능 차
수소의 순도	96~99%	N9:99.999999%	~N6: 99.9999%
처리온도	상온~100℃	300~500℃	상온
플랜트 규모	소~대	소	중~대
플랜트 투자액	비교적 소	막은 고가	대
메인터넌스	용이	곤란	용이

표 2-4 | 수소 정제법의 비교

자원의 희소성과 환경 부하가 크다는 것이 큰 결점으로 지적되고 있다.

[표 2-4]는 막분리법(고분자막, 금속막) 및 흡착법인 PSA에 대하여 그 동작 원리 및 특징을 정리한 것이다.

〈참고문헌〉

1) 文部科学省科学技術政策研究所科学技術動向研究センター 編著
「図解素エネルギー最前線」

(4) 부분산화 개질

부분산화(부분연소) 개질에서는 수증기가 아닌 공기가 도입된다. 이 것은 반응식으로 표시하면 다음과 같다.

$$C_nH_m + n/2O_2 \rightarrow nCO + m/2H_2$$

메탄을 예로 들면 다음과 같다.

$$CH_4 + 1/2O_2 \rightarrow CO + 2H_2$$

부분산화 반응은 발열 반응이므로 온도 상승을 위해 외부에서 열을 가할 필요가 없으므로 기동 시간이 수증기 개질에 비해 짧아지는 점이 특징이다.

그러나 수소의 발생량 및 개질 효과는 수증기 개질이 높다. 예를 들어 메탄가스의 경우 1mol의 CH_4에서 수증기 개질이라면 4mol의 수증기 가스가 생성되는 데 비해 부분산화 개질의 경우는 시프트 반응을 포함해 고작 3mol의 수증기밖에 획득하지 못하게 된다.

연료전지 자동차의 경우에도 연료로 순수한 수소가 아닌 개질가스를 사용하면 짧은 기동시간이 요구되므로 이 부분산화 방식 혹은 뒤에 설명하는 자열개질법이 채택될 것으로 보인다. 그러나 가정용 코제너레이션에서는 일반적으로 수증기 개질이 사용되고 있다.

(5) 오토더말 개질

수증기 개질과 부분산화 개질을 조합하면 한쪽이 흡열, 다른 쪽이 발열하기 때문에 열 밸런스가 성립되므로 원리적으로 외부와의 사이에 열을 교환할 필요가 없다. 이와 같은 개질법을 '자열개질(auto-thermal reforming)법'이라고 한다.

수증기 개질, 부분산화 개질 및 자열개질법을 모두 포함하여 개질 반응을 일반화하면 반응식은 다음과 같이 표시된다.

$$C_nH_nO_p + x(O_2 + 3.76N_2) + (2n-2x-p)H_2O$$
$$\rightarrow {}_nCO_2 + (2n-2x-p+m/2)H_2 + 3.76xN_2$$

x=0에서는 수증기 개질로 흡열 반응이 된다. 반응에 의한 발열량은

x만이 함수이고, x가 커지면 반응은 흡열에서 발열로 옮겨간다. 따라서 반응로의 온도는 x(공기량)에 의해 제어할 수 있다. 위에서 설명한 바와 같이 x의 어떤 값에서 원리적으로는 열의 수수(授受)가 없어져 열교환기를 작게 할 수 있으므로 그만큼 개질 장치를 소형화할 수 있다.

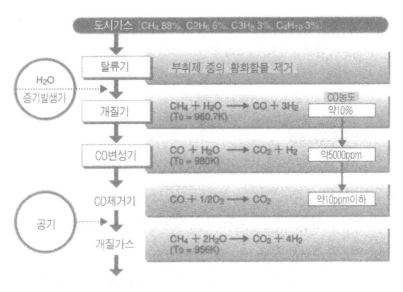

그림 2-7 | 수증기 개질 과정

3장

셀 동작의 열역학

1. 깁스의 자유에너지와 엔탈피

전기화학 반응을 포함한 화학 반응의 진행 방향과 속도, 혹은 전지계일 경우 전극 간에 발생하는 기전력이나 발전량 및 발열량을 파악하려면 열역학적 함수를 사용한다. 가장 많이 등장하는 열역학 함수는 엔탈피(Enthalpy)와 깁스의 자유에너지(Gibbs free energy)다. 엔탈피(H)및 깁스의 자유 에너지(G)는 각각 다음과 같이 정의된다.

$$H=U+pV \qquad G=H-TS=U+pV-TS \qquad \text{········ (3-1)}$$

여기서 U는 내부 에너지, S는 엔트로피, 그리고 P, V 및 T는 각각 압력, 용적, 온도(K)이고, 단위는 mol당으로 계산한다.

열역학에 관한 상세한 설명은 약간 복잡한 수식 계산이 필요하므로 부록에 실어 두었다. 이 장에서는 연료전지에 관한 제반 성능 해석에 관계되는 기초적인 사항만을 설명하고자 한다.

화학 반응의 진행을 언덕에서 굴러떨어지는 공에 비유해 보자. 외부의 힘이 미치지 않는다면 공은 언덕 위에서 아래쪽을 향해 구르는데, 이를 달리 표현하면 위치에너지가 높은 쪽에서 낮은 쪽으로 이동하는 것을 의미한다. 그리고 굴러떨어진 공은 원리적으로는 위치에너지의 감소량에 상당하는 운동에너지를 갖거나 그에 준하는 일량을 외부에 부여할 수 있다.

화학 반응의 경우 이 위치에너지에 상당하는 것은 깁스의 자유에너지 G이고, G가 감소하는 방향으로 화학 반응이 진행된다. 따라서 반응이 진행하지 않는 평형 상태에서는 화학 반응에 수반되는 G의 변화량 ΔG는 0이다.

열역학 제1법칙(에너지 보존법칙)과 제2법칙(비가역 과정에서의 엔트로피 증가법칙)을 사용한 열역학의 간단한 계산으로 화학변화에 따른 G의 감소량 $-\Delta G$는 원리적으로는 외부에 대한 일량(연료전지에서는 발전량)의 최댓값을 나타내는 것으로 알려져 있다(부록 참조). 단, 압력 및 온도가 일정한 조건에서 화학 반응이 진행하는 경우에만 이 관계식이 엄밀하게 성립한다.

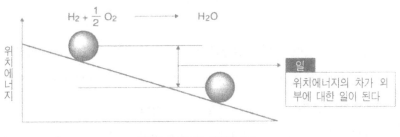

그림 3-1 | 일과 위치에너지

한편, 엔탈피 H의 변화량(감소량) ΔH는 만약 압력이 일정한 조건에서 변화할 때 화학변화에 따르는 열의 수수(발열량)를 나타낸다. 예를 들어 연료가 연소하여 외부로 방출되는 발열량은 $-\Delta H$와 같을 것이다.

따라서 열역학으로 정의되는 열효율 η_{th}는

$$\eta_{th}=\varDelta G/\varDelta H$$

로 구할 수 있다. 식 (3-1)에 의해서

$$\varDelta G=\varDelta H-T\varDelta S$$

이므로 이것을 η_{th}의 식에 대입하면

$$\eta_{th}=1-T\varDelta S/\varDelta H$$

이므로 $\varDelta S\langle 0$(발열)이고, T가 커지면 열효율은 작아진다는 것을 알 수 있다.

연료전지의 발전 반응에서는 열이 외부로 방출되므로 $\varDelta S$는 마이너스 값을 나타낸다. 그러므로 열역학으로 도출된 열효율은 동작 온도가 높아지면 낮아지는 경향을 보이게 된다.

그러나 이것은 효율의 이론적 한계일 뿐 발전 프로세스에 따른 비가역 손실은 고려되지 않았으므로 실제 연료전지의 발전 효율은 이것과는 반대로 동작 온도가 높을수록 큰 값을 나타낸다는 것을 알 수 있다.

2. 이론 기전력과 네른스트 식

연료전지 셀의 기전력을 계산해 보자. 앞서 살펴본 것처럼 연료전지의 기본적인 전기 화학적 반응식은 다음과 같다.

$$H_2 + 1/2O_2 - H_2O \quad \cdots\cdots\cdots\cdots\cdots\cdots\cdots\cdots\cdots\cdots\cdots\cdots\cdots \quad (3\text{-}2)$$

이 반응이 왼쪽에서 오른쪽으로 진행할 경우 G의 변화량 ΔG는 생성물(물 또는 수증기)의 G에서 반응물(수소가스와 1/2mol의 탄소가스)의 G를 뺀 값이고, 이 경우 깁스 자유에너지는 감소하므로 ΔG는 음의 값을 갖는다. 앞에서 설명한 바와 같이 $-\Delta$G는 연료전지 발전전력량의 원리적인 최댓값을 나타낸다.

식 (3-2)의 반응에서 수소 1mol이 반응했을 때 2mol의 전자가 애노드에서 방출되므로 캐소드에서 애노드로 반입되는 전하량은 2F쿨롱이 될 것이다. 단, F는 패러데이 상수이고, 그 값은 96,500쿨롱/mol이다. 지금 연료전지 셀의 기전력(전극 간 전위차)을 F로 하면, 수소가스 1mol의 반응으로 셀이 방출하는 이상적인 전기 출력은 다음으로 나타낸다.

$$-\Delta G = 2FE \quad \cdots\cdots\cdots\cdots\cdots\cdots\cdots\cdots\cdots\cdots\cdots\cdots\cdots \quad (3\text{-}3)$$

여기서는 전하 이동이나 전극의 반응에 따른 비가역 손실은 모두 무시한다. 이 식을 통해 $-\Delta G$의 값에서 기전력(E)를 구할 수 있다. 이 E는 열역학적 이론으로 구할 수 있으므로 '이론 기전력' 또는 '이론 전압'이라고 한다.

식의 도입은 열역학 전문서를 참고하길 바라며, 여기서는 네른스트(Nernst) 식을 사용하여 기전력의 값을 좀 더 상세하게 분석하려고 한다.

다음 식으로 표시되는 화학 반응을 가정해 보자.

$$aA+bB \rightarrow cC+dD$$

반응이 왼쪽에서 오른쪽으로 진행하였을 때 G의 증가량 ΔG는 다음과 같이 나타낼 수 있다.

$$\Delta G = c\mu^0_C + d\mu^0_D - a\mu^0_A - b\mu^0_B + RT\ln(P_C{}^c P_D{}^d/P_A{}^a P_B{}^b) \cdots\cdots (3\text{-}4)$$

이것이 네른스트 식이다. 여기서 P_A, P_B, P_C, P_D는 기체 A, B, C, D의 분압이며, 만약 이것들이 기체가 아닌 경우에는 분압 P 대신에 활량(活量)을 도입해야 한다.

네른스트 식은 반응 기체의 압력이 높고 생성 기체의 압력이 낮아질수록 ΔG는 작아진다는 것을 제시한다. 앞서 설명한 바와 같이 반응이 일어나려면 ΔG가 마이너스여야 하지만 $-\Delta G$의 값이 커질수록 반응을 촉진하는 잠재력이 높고 그만큼 기전력은 커진다.

따라서 기전력을 크게 유지하기 위해서는 생성한 기체를 제거하여 압력을 저하하고, 반응 기체를 공급하여 압력을 높일 필요가 있다.

본론에서 다소 벗어나지만 이 경향을 1장에서 설명한 수증기 개질 과정에 적용해 개질 성능을 고찰해 보자.

수증기 개질의 식 (2-1)은 반응 가스인 메탄 1㏖에 대하여 수증기 2㏖이 필요하다는 것을 의미한다. 개질 반응을 일으키기 위해서는 식 (2-1)으로도 추리할 수 있듯이 반응 가스인 메탄가스나 수증기의 공급을 늘려서 그 압력을 높이고, 반대로 생성 가스인 수소와 탄산가스는 신속하게 제거하여 그 압력을 낮춰야 한다.

따라서 수증기의 압력을 높이는 것은 개질 반응을 일으키는 데 유효하다.

개질 과정에서 탄화수소계 연료에 대한 수증기의 공급량 비율을 S/C라고 하는데, 현실적으로는 이 값을 등량(等量) 혼합비(메탄의 경우는 2) 이상으로 크게 해 메탄 연료에서는 S/C를 2.5 이상으로 운전하는 것이 일반화돼 있다.

S/C를 크게 하는 이유는 탄소의 석출을 막기 위해서이고, 수증기 공급량을 늘리는 것은 반응을 촉진하는 데 효과가 있다. 그러나 수증기 공급량을 증가시키는 것은 그만큼 과정 도중 열량 공급을 증가시키는 결과가 되므로 연료전지 시스템 효율의 향상을 실현하기 위해서는 가급적 S/C를 적게 해야 한다.

다시 본론으로 돌아가자.

식 (3-4)에서

$$\Delta G^0 = c\mu^0_C + d\mu^0_D - a\mu^0_A - b\mu^0_B$$

로 적고, 위 식에 연료전지 반응식 (3-2)를 적용하면

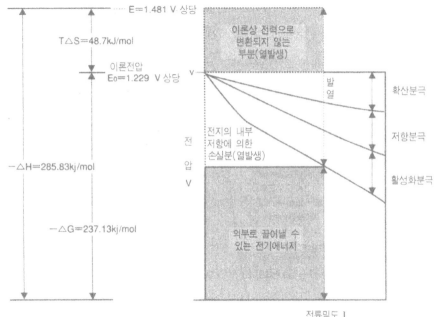

E=1.481 V 상당

이론상 전력으로
변환되지 않는
부분(열발생)

T△S=48.7kJ/mol

이론전압
E₀=1.229 V 상당

확산분극

발
열

전지의 내부
저항에 의한
손실분(열발생)

저항분극

전
압
V

활성화분극

−△H=285.83kj/mol

외부로 끌어낼 수
있는 전기에너지

−△G=237.13kj/mol

전류밀도 I

연료전지의 반응   (H2(g)+1/2O2(g)=H2O(1)at25℃)
열역학상의 관계   기전력 E=△G/nF   △G=△H−T△S
　　　　　　　　　△G:깁스의 자유에너지 변화   F: 패러데이 상수
　　　　　　　　　△S=반응으로 인한 엔트로피 변화   n:반응의 전자수
　　　　　　　　　△H:반응의 엔탈피 변화   (−△H=반응열 = 연소열)

그림 3-2 | 연료전지의 단(單) 셀 특성과 에너지 관계

$$\Delta G = \Delta G^0 + RT\ln(p_{H2O}/p_{H2}p_{O2^{1/2}}) \quad\cdots\cdots\cdots\cdots\cdots\cdots \quad (3\text{-}5)$$

여기서 E^0는

$$E = E^0 + (RT/2F)\ln(p_{H2}p_{O2^{1/2}}/p_{H2O}) \quad\cdots\cdots\cdots\cdots\cdots \quad (3\text{-}6)$$

으로, '이론 기전력'이라고 하며 온도가 25℃(298K)에서의 값은 1.229V
가 된다. 참고로 ΔG^0 및 ΔH^0 (모두 25℃)의 값은 각각 237.13kJ/mol,
285.83kJ/mol이 된다.

단, 이들 수치는 모두 식 (3-2)의 반응에서 우변의 H_2O는 물(액체)이
라고 가정하여 계산한 경우이고, 이와 같은 가정의 계산값을 '고위 발
전량(HHV) 확산'이라고 한다. 수증기(기체)로 가정한 경우의 계산값은
'저위(低位) 발전량(LHV) 확산'이라고 한다.

3. 이상(理想) 열효율

열효율은 H의 감소량(발열량)에 대한 G의 감소량(발전량)의 비율로
나타낸다. 이론적인 열효율 η_{th}는 엔탈피의 변화를 표준 상태로 설정하
고 (1기압, 25℃), ΔG는 반응 온도에서의 값을 채용함으로써

$$\eta_{th} = \Delta G / \Delta H^0_{298} \quad \cdots\cdots\cdots\cdots\cdots\cdots\cdots \quad (3\text{-}8)$$

로 정의된다. 전기화학에서는 이를 '이상 열효율'이라고 하며 열효율의 이론적 최댓값을 의미한다. 상온에서의 열효율은 HHV 환산으로 83%의 큰 값을 나타낸다. 온도가 상승하면 이상 열효율은 감소하는 경향을 보인다. 반응 생성물인 H_2O를 증기로 계산하여 획득한 LHV 환산에서는 수소 연료전지의 열효율은 94%로 되어 HHV 환산값에 비하여 큰 값이 된다.

효율에는 다양한 정의가 있다. 일반적으로 석유나 천연가스, 혹은 수소를 연소하여 동력이나 전력을 얻는 경우, 연소로 생성한 물의 잠열을 이용한다고 가정하여 특별히 지적하지 않는 한 고위 발열량 환산으로 열효율을 표시한다. 사실 화력이나 원자력 발전에서는 콘덴서로 증기를 응축함으로써 증기의 잠열을 이용하고 있으므로 전력 회사는 열효율을 HHV로 표시하고 있다.

그러나 HHV 환산보다 LHV 환산 방법이 열효율 값을 높이 표시할 수 있으므로 LHV로 표현하는 업계도 많다. 자동차·선박·철도 등의 산업에서 내연기관이나 가스 사업체 사이에서는 LHV 표시가 일반적이다.

온도 상승과 더불어 ΔG가 증가($-\Delta G$는 감소)하는 경향을 보이므로 식 (3-3) 혹은 식 (3-6)에 의해 기전력 E는 온도 상승과 더불어 낮아진다. [그림 3-1]은 이 경향을 나타낸다. 또 [그림 3-1]에서는 생성하는 H_2O

가 수증기라고 가정한 LHV 환산의 기전력이고, 이 경우 $-\Delta G0$의 값은 228.63kJ/mol이다.

2장에서 설명한 바와 같이 고온형 연료전지에서는 수소뿐만 아니라 CO나 CH_4도 연료로 이용할 수 있다. 이것들의 전기 화학적 반응에서 기전력의 온도 의존성은 [그림 3-3]에 나타난 것처럼 약 1,000℃ 이하의 온도 영역에서는 CO의 산화 반응

$$CO + \frac{1}{2}O_2 \rightarrow CO_2$$

에 의해 기전력이 H_2의 산화 반응 때의 기전력을 웃돌고 있다. 그러나 반응 속도는 수소가 CO보다 빠르다.

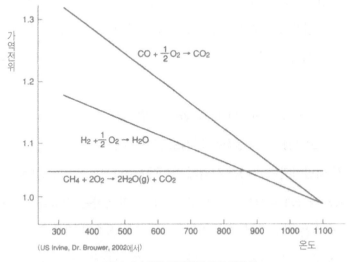

그림 3-3 | 이론 기전력의 온도 의존성

4장

연료전지의 특징

1. 셀과 스택

연료전지 셀(cell)은 기본적으로 낮은 전압의 직류 전원(이론적인 기전력은 1.23V, 출력했을 때의 셀 전압은 1V 이하)이므로 실용적인 전압을 얻기 위해서는 많은 셀을 직렬로 접속해야 한다. 이와 같은 목적으로 구축된 셀의 집합체를 가리켜 '스택(stack)'이라고 한다. 정치식(定置式)이나 자동차용 연료전지의 경우 일반적으로 수백 개의 셀을 겹쳐 쌓아서 스택을 구성하는 방법을 쓴다. 예를 들어 발전출력이 1kW급인 가정용 정치식 PEFC에서는 40~80셀 정도가 겹쳐 있다. 이에 비해 휴대전화나 노트북 컴퓨터용 연료전지의 경우 연료탱크 표면에 평면적으로 셀을 배열하여 스택을 구성하는 방법을 이용하고 있다.

그러나 실제로 연료전지로 전력이나 열을 공급하기 위해서는 스택만으로는 불가능하므로 위에서 설명한 개질 공정이나 직류를 교류로 변환하는 인버터(invertor) 제어 프로세스, 공기 공급 블로어, 열처리 시스템 등의 보조 장치가 있어야 한다. 이와 같은 보조 장치를 포함한 전체를 '연료전지 시스템'이라고 한다.

2. 연료전지의 특징

(1) 높은 이상(理想) 열효율

연료전지는 전기 화학 반응으로 화학에너지를 전력으로 변환하므로 화력발전과 같이 카르노 효율의 제약이 없으며, 특히 저온에서 원리적으로 높은 효율이 가능하다.

엔탈피의 감소분에서 깁스 자유에너지의 감소분을 공제한 나머지 부분은 열로 발생하므로 연료전지를 동작시키면 필연적으로 열이 발생한다. 이상 열효율은 온도 상승과 더불어 낮아지는 경향을 보이지만, 반대로 카르노 효율은 온도 상승과 더불어 향상되므로 고온에서는 연료전지의 효율보다도 카르노 효율이 높아진다.

따라서 SOFC처럼 고온에서 동작하는 연료전지는 배출되는 열을 가스터빈이나 증기터빈에 도입함으로써 종합적으로 높은 발전 효율을 실현할 수 있다.

(2) 현실의 열효율

이상 열효율은 준정적(準靜的) 변환(전류가 제로)을 가정하여 구한 이론값이다. 따라서 실제로 전기 출력을 끌어내면 전류가 흐르므로 분극 현상이 발생하여 작동 전압이 떨어짐과 동시에 발전 효율도 떨어진다.

분극에는 활성화 분극, 저항 분극, 확산 분극이 있고, 각 분극에 바탕을 두어 활성화 과전압, 저항 과전압, 확산 과전압(농도 과전압)이 발생한다.

또 연료극에 투입된 연료는 발전에 100% 유효하게 사용되는 것도 아니다. 따라서 연료전지를 동작시켰을 때의 발전 효율은 개질 효과를 제외히고도 보통 40~50% 범위 안에 있다. 도시가스나 프로판가스 등을 연료로 하는 출력 1kW 수준의 가정용 PEFC 코제너레이션 시스템의 경우 출력 규모가 작기 때문에 공기 공급 블로어 등 보조 동력용 소비 전력이 상대적으로 커져 현재 연료 개질을 포함하여 35% 정도의 발전 효율(HHV) 실현이 당면 목표가 된다.

(3) 코제너레이션

연료전지는 전력과 함께 필연적으로 열이 발생하므로 코제너레이션(cogeneration; 열병합발전)에 적합하다. 200℃로 동작하는 PAFC는 출력이 50kW, 100kW, 200kW 수준이고, 현재 병원이나 마트, 혹은 호텔 등에서 코제너레이션용으로 많이 사용되고 있다.

또 규모가 작고 80℃의 온도 레벨에서 운전되는 PEFC는 가정의 전력수요를 감당하는 동시에 온수를 공급하는 역할을 하고 있다.

고온에서 동작하는 MCFC 및 SOFC는 발생하는 열의 온도가 매우 높으므로 흡수식 냉동기나 가스터빈 등 다른 열기관의 열원으로 기여할 수 있다.

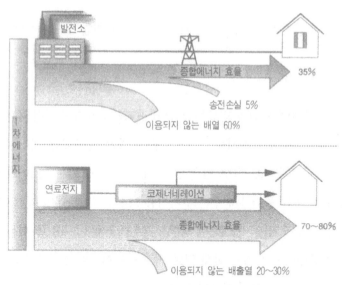

그림 4-1 | 코제너레이션의 효율

(4) 환경 적응성

반응 생성물은 원리적으로 물뿐이고, 먼지나 황산화물·질소산화물
·매연 등의 유해 배기가스가 발생한다 해도 연료 개질 과정에서뿐이고
그 배출량도 극히 적거나 거의 제로에 가깝다. 그리고 탄화수소계의 연
료를 개질하는 과정에서 CO_2 배출은 피할 수 없지만 종합효율이 높기
때문에 출력당 CO_2 발생량은 적은 편이다.

연료전지가 갖는 또 다른 환경상의 장점은 조용하다는 점이다. 연
료전지는 일반 열기관에서 볼 수 있는 가동 부분이 없으므로 공기 공급
블로어를 제외하면 진동이나 소리의 발생원이 거의 존재하지 않는다.
그래서 연료전지 자동차는 배기가스가 청정할 뿐만 아니라 소음을 내

지 않는 정숙한 자동차로 평가받고 있다.

(5) 스케일 메리트

앞에서 설명한 바와 같이 연료전지의 발전 단위는 출력 규모가 매우 작은 셀이고, 따라서 출력 규모가 작은 영역에서도 높은 성능을 유지할 수 있다.

즉, 기본적으로 열기관에서와 같은 효율이나 경제성에서 스케일 메리트(scale merit, 규모 확장으로 얻는 이익)가 존재하지 않기 때문에 작은 규모의 이용에서도 상대적으로 유리하여 분산형 전원으로 적합하다. 연료전지가 호텔, 병원, 공장 등과 출력 규모가 작은 가정에서 코제너레이션용 전원으로 기대되는 이유도 바로 여기에 있다.

그러나 이제까지의 설명은 연료전지 스택으로서의 논의이고, 개질 장치나 열처리 시스템에서는 열기관의 기능을 가지므로 필연적으로 스케일 메리트가 존재하여 대형 장치가 효율과 경제성 측면에서 유리하다.

그러므로 가정용 코제너레이션의 경우 연료전지 스택은 각 가정에 설치한다고 할지라도 개질 장치는 공통 운용하고, 수소리치가스를 각 가정에 공급하는 방식이 경제적으로 유리할 것으로 생각된다.

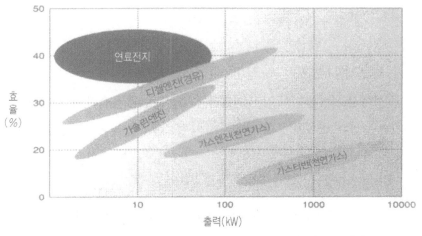

최근에는 수100kW급 가스엔진의 발전효율이 40%에 이르고 있다.

그림 4-2 | 발전 효율의 비교

(6) 부분 부하에서의 발전 효율

일반적으로 열기관은 정격출력 조건에서 벗어나면 효율이 현저하게 떨어지는 경향이 있지만 연료전지는 정격 이외의 조건, 특히 낮은 부하에의 사용 조건에서도 효율이 떨어지지 않는다. 이 특성 때문에 부하 변동이 심한 자동차 엔진에 적합하다. 자동차용 동력원으로서의 이용을 목적으로 하는 PEFC의 경우, 출력이 떨어지면 발전 효율은 상승하는 경향이 있으므로 부하가 적은 범위에서는 상시 연료전지를 동작시키고, 발진이나 가속 등 부하가 큰 운전 상태에서는 축전지의 방전으로 동력 에너지를 보급하는 하이브리드 방식이 우수한 연비를 가능하게 할 것으로 믿어진다.

(7) 이용 가능한 연료의 다양성

앞에서 설명한 바와 같이 연료전지는 수소로 동작하지만 수소는 개질 과정에 의해 생성되므로 여러 종류의 연료가 이용 가능하다.

자동차용 엔진의 경우에는 순수소 이외에 메탄올, 에탄올, 가솔린 등이 후보 연료로 꼽히고 있다. 정치식 코제너레이션용에서는 주로 천연가스(도시가스), 프로판(프로판), 등유, 바이오가스 등이 사용된다.

또 화력발전의 대체 발전 플랜트로 개발이 추진되고 있는 MCFC와 SOFC에서는 수소뿐만 아니라 CO도 연료로 사용할 수 있으므로 석탄가스화 가스의 사용이 예상되고 있다.

재생 가능 에너지로부터 수소를 생산하는 방법으로는 앞에서 설명한 것 이외에 태양광발전이나 풍력발전으로 획득한 전력으로 물을 전기분해하여 수소를 생성하는 방법이 있지만, 최근에는 고온가스에서 물을 열화학 분해하여 수소를 생성하는 기술이 연구되고 있다.

3. 기술적인 문제점

연료전지는 매우 작은 규모의 셀이 여러 개 집적된 구조이고, 셀과 스택에는 화학 반응 외에도 열, 유체(연료와 공기), 전기 현상이 복잡하게 공존하고 있으므로 높은 성능과 내구성이 있는 연료전지를 실현하기 위해서는 고도의 종합적인 과학적 식견과 기술을 필요로 한다. 특히 현존하는 발전이나 동력기관과 경쟁하기 위해서는 비용을 낮추는 것도 중요한 요건이므로 이와 같은 높은 장벽의 극복을 목표로 연구 개발이 추진되고 있다.

이상 연료전지에 공통되는 원리와 특징에 관하여 기술하였으므로 이어서 각종 연료전지에 관하여 살펴보자.

이미 설명한 바와 같이, 현재 실용화나 상업화를 목표로 연구 개발이 추진되고 있는 연료전지로는 고체 고분자형(PEFC), 메탄올 직접변환형 연료전지(DMFC), 알칼리형(AFC), 인산형(PAFC), 용융 탄산염형(MCFC), 고체 산화물형(SOFC) 등이 있으며, 이 중에서 PEFC 및 PAFC는 '저온동작형'으로 통칭하고, MCFC 및 SOFC는 '고온동작형'으로 통칭하고 있다. 또 DMFC는 동작 온도에 따라 분류하면 물론 저온형에 속하지만 그 대부분이 휴대용 전자기기의 전원으로 사용되고 있는 관계로 보통 '초소형' 또는 '마이크로 전지'라 통칭하고 있다.

현재 가장 주목을 받는 것은 연료전지 자동차와 가정용 코제너레이션으로서의 이용이 모색되고 있는 PEFC, 휴대 단말기용 DMFC 및 효율이 높고 이용 범위가 넓어 궁극의 연료전지로 평가되고 있는 SOFC이다.

PAFC는 전극 반응이 PEFC와 유사하고 MCFC는 고온동작이란 의미에서 SOFC와 많은 공통점을 가지고 있으므로 다음 각 장에서는 우선 PEFC 및 전자기술과 깊은 관계가 있는 두 종류의 DMFC 연료전지에 초점을 맞추어 그 동작과 성능, 구조 및 실증 연구의 동향을 자세하게 살펴보고 이어지는 장에서 고온동작의 연료전지에 대하여 자세하게 설명하려 한다.

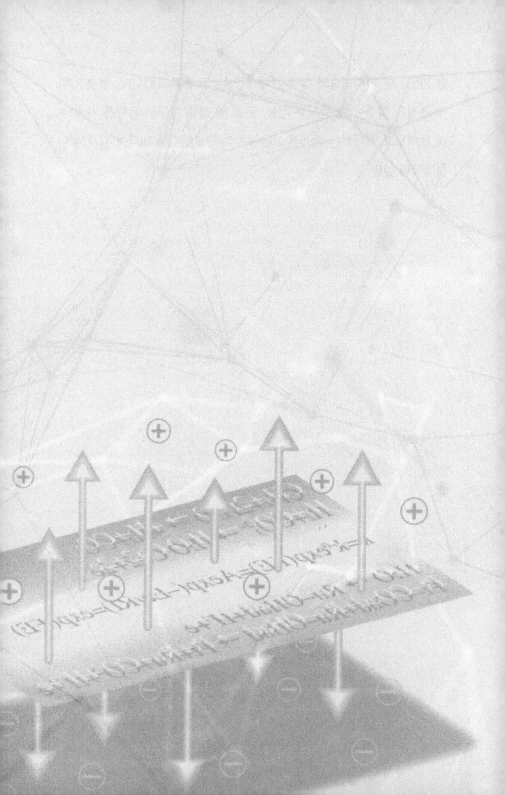

5장

고체 고분자형 연료전지

1. 총론

(1) 개발의 역사

1950년대 미국의 GE사에 의해 개발이 추진되고, 1965년에 미국의 인공위성인 제미니(Gemini) 5호의 전원으로 출력 1kW의 수소-산소 PEFC가 탑재되었다.

개발 당초에는 탄화수소계의 이온교환막이 사용되었으나, 이 막은 내구성이 수백 시간 정도로 짧은 관계로 그 후에 듀퐁사에 의해서 플루오린 수지계 이온교환막 나피온(Nafion)이 개발된 결과 PEFC의 내구성은 현저하게 개선되었다. 당시에는 오직 우주용과 군사용을 목적으로

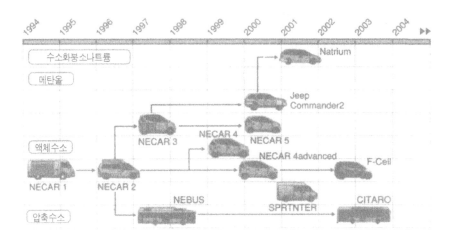

그림 5-1 | 연료전지 개발의 전체상(자료 Daimler Chrysler)

개발이 진행되었지만 1980년대에 들어서자 캐나다의 발라드(Ballard)가 민생용을 목표로 개발을 시작했고, 이어서 90년대에 이르러서는 다임러 벤츠(Daimler Benz, 현 메르세데스 벤츠)가 발라드제 PEFC를 동력원으로 탑재한 연료전지 자동차를 시험 제작함으로써 PEFC의 유용성을 세계에 널리 인지시켰다.

(2) PEFC의 동작 원리와 특징

수소와 산소로 동작하는 PEFC의 경우 이미 설명한 바와 같이 애노드와 캐소드에서는

애노드(연료극) : $H_2 \rightarrow 2H^+ + 2e$

캐소드(산소극) : $1/2O_2 + 2H^+ + 2e \rightarrow H_2O$

의 전극 반응이 진행된다.

이온교환기로서 설폰산기를 갖는 퍼플루오로 카본설폰 구조를 갖는 두께 수 $10\mu m$의 박막을 전해질로 사용하는 PEFC는

⑺ 출력밀도를 높게, 따라서 연료전지를 소형화할 수 있다.

⑷ 전해질이 고체이기 때문에 산일(散逸)할 가능성이 없다. 또 연료와 산화제가스 간의 차압(差壓) 운전이 가능하다.

⒟ 동작 온도가 상온에서 100℃ 이하의 범위이므로 다른 연료전지에 비하여 낮아 기동 시간이 짧다.

㈔ 작동 온도가 낮으므로 재료 선택의 폭이 넓다.

㈕ 넓은 전류밀도역에서 발전이 가능하며 큰 부하 변동에 견딜 수 있다.

위와 같은 여러 장점이 있지만 저온동작으로 인하여 다음과 같은 문제점과 결점도 존재한다.

㈖ 전극 반응 속도를 증진하기 위해 백금(Pt)계의 값비싼 촉매가 있어야 하며, 이것이 비용을 높이는 원인이 되고 있다. 또 Pt 촉매의 사용은 애노드에 도입되는 개질가스의 CO 농도를 현저하게 저하할 것을 요구한다.

㈗ 배열 온도가 낮고, 수증기 개질의 흡열 반응에 대하여 PEFC에서의 배열을 이용할 수 없으므로 시스템의 효율을 높이기 어렵다.

㈘ 배열 이용은 온수 공급에 국한되므로 이용 범위가 좁다. 그리고 퍼플루오로 설폰산막에 기인하는 문제점으로서

㈙ 전해질막을 습윤 상태로 유지하는 것이 불가결하며 수분 관리를 필요로 한다.

2. 단(單) 셀의 구성

PEFC의 단 셀은 전해질막 및 그 양쪽에 촉매층, 가스 확산층, 다시 그 바깥쪽에 있는 세퍼레이터(separator)로 구성되어 있다. 전해질막과 그것을 사이에 끼운 전극 부분의 촉매층 및 가스 확산층을 일체화한 것을 '막전극 일체화 구조(MEA: Membrane Electrode Assembly)'라고 한다 ([그림 5-2]).

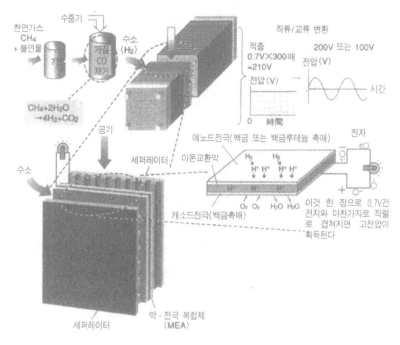

천연가스
CH₄
+ 불연물

수증기

개질
CO
제거

수소
(H₂)

CH₄+2H₂O
→4H₂+CO₂

직류/교류 변환

적층
0.7V×300매
=210V

전압(V)

0 時間

200V 또는 100V

전압(V)

시간

공기

수소

세퍼레이터

이온교환막

애노드전극(백금 또는 백금루테늄 촉매)

전자

H₂ H₂ H₂

H⁺ H⁺ H⁺ H⁺ H⁺ H⁺

이것 한 장으로 0.7V건
전지와 마찬가지로 직렬
로 겹쳐지면 고전압이
획득된다

캐소드전극(백금촉매)

O₂ O₂ H₂O H₂O

세퍼레이터

막·전극 복합체
(MEA)

그림 5-2 | 셀 스택의 구조도

애노드에는 외부로부터 수소가스(수소 분자)가 공급되어 전극 안의 미세한 구멍(확산층)을 통하여 촉매층에 이르면 백금 또는 백금 촉매 표면에서 수소 분자가 활성 상태의 2개의 수소 분자로 변한다. 촉매 표면에서는 다시 산화 반응이 진행되어 2개의 수소이온과 2개의 전자가 방출되지만 수소이온은 전해질 속에 들어가 고분자 이온교환막 속의 클러스터(cluster)를 물을 동반하여 캐소드 방향으로 이동한다. 다른 한편, 전자는 전극을 경유하여 외부 회로에 이르고, 외부 회로를 통하여 캐소드에 도달한다. 이 전류가 전력으로서 외부 출력된다.

캐소드에서는 외부 회로를 거쳐 도달한 전자와 전해질 속을 이동한 수소이온 및 외부에서 전극의 확산층을 거쳐 도입된 산소 분자가 촉매 상에서 반응하여 물이 된다.

따라서 전극에서 전극 반응(전하의 이동)을 일으키기 위해서는 기체(활성 물질의 수소 및 산소)와 전해질(이온전도체) 및 고체(전극을 구성하는 전자 전도체)가 공통된 계면(이것을 '삼상계면'이라고 한다)을 형성할 필요가 있다.

이 계면 부분을 가급적 넓게 하기 위해 전극으로는 다공질의 물질, 즉 확산 전극이 사용된다. 기체와 전극 표면의 접촉이 전극 표면의 '젖음(wetting)'에 의해서 방해를 받지 않도록 확산층에 발수성(撥水性)이 강한 PTFE(폴리테트라플루오로에틸렌)이 도입되어 있다.

3. MEA 및 세퍼레이터의 특성

(1) 전해질막의 구조와 특징

전해질막의 역할은 연료(수소가스)와 산화제(공기 중의 산소가스)가 혼합되지 않도록 격리하는 동시에 애노드에서 생성되는 수소이온을 캐소드까지 이동시키는 것이다.

따라서 화학적으로 안정되고 수소이온의 전도성이 높으며 물 이동성이 높고 가스 투과성이 낮은 것이어야 한다. 또 기계적으로 강도가 크고 취급이 용이하며 내구성이 있고 비용이 낮아야 된다.

PEFC용 전해질막으로 보편적으로 이용되고 있는 퍼플루오로 설폰산 이온교환막은 플루오린 원자가 탄소 원자 주위를 에워싸고 보호하고 있으므로 화학적으로는 안전하지만 가습이 불충분한 상태로 운전하는 등 운전 조건에 따라서는 플루오린계막이라도 화학적으로 변화할 수 있다.

퍼플루오로 설폰산막은 다음과 같은 구조와 특징을 가지고 있다. 플루오린 수지의 주사슬(비가교)이 모인 발수성의 골격 영역(테플론 골격)을 형성하며, 거기서 설폰산기를 가진 부사슬(곁사슬)이 가지 뻗어 클러스터 영역을 형성하고 있다.

크기가 30~50A인 클러스터 영역에는 물이 포함되어 있으며 수소이온은 물을 수반하면서 설폰산기를 따라 애노드에서 캐소드로 이동한다고 간주되고 있다.

따라서 수소이온과 물은 매우 통과하기 쉬운 구조로 되어 있다. 특히 막을 얇게 하면 막의 전기 저항이 낮아질 뿐만 아니라 캐소드에서 생성된 물이 애노드를 향하여 흐르기 쉬워지고, 그 결과 캐소드에 물이 고여 전극의 세공이 매워지는 소위 '플래팅 현상'이 일어나기 어려워진다.

그러나 박막화함으로써 막의 기계적 강도는 떨어지므로 PTFE를 보강재로 사용하는 방법 등이 제안되었다. 박막은 20~40㎛ 범위의 제품이 제공되고 있으며, 또 내구성의 데이터로서는 발라드가 우주용으로 개발한 셀 스택이 가압수소/산소에 의한 시험 운전에서 12,000시간에 걸쳐 전압강하 -1.4㎶/h(1.4㎷/1,000시간)이 관측됐다는 보고가 있다.

퍼플루오로산막의 분자 구조는 다음과 같다.

$$— (CF_2CF_2)_x — (CF_2CF)_y —$$
$$|$$
$$(OCF_2CF)_mO(CF_2)_nSO_3H$$
$$|$$
$$CF_3$$
$$m=0\sim2,\ n=1\sim5$$

(2) 전해질막의 제조법

퍼플루오로 설폰산 전해질막의 제조공정은 4불화에틸렌($CF_2=CF_2$)과 아래 그림에 제시한 모노머(고분자가 중합하기 전의 단분자)를 공중합시키는 수지의 제조, 제막(製膜) 및 제품으로서의 가공으로 성립되어 있다.

이온교환기를 붙이는 공정은 모노머 합성 때나 제막 후이다. 퍼플루오로설폰산(PFSA)막용 모노머의 분자 구조는

$$CF_2=CF - O - CF_2CF - O - CF_2CF_2SO_2F$$
$$|$$
$$CF_3$$

이고, 이 분자 구조로 알 수 있듯이 이온교환기의 전구체(SO_2F)가 포함되어 있으므로 가수분해에 의해 설폰산기로 전환된다.

전해질막의 제조공정을 그림으로 나타내면 다음과 같다.

퍼플루오로형 막은 앞에서 설명한 바와 같이 안정적이기는 하지만 막의 제조공정이 복잡하기 때문에 제조비용이 높다. 이것을 개선하기 위해 플루오르계 수지 시트에 방사선을 조사하여 반응하기 쉬운 부위를 만들고 여기에 스틸렌을 부가 중합시킨 후에 설폰산기를 붙이는 제조법이 제안되었다.

현재의 PEFC는 동작 온도 70~80℃에서 운전하는 것을 전제로 하고 있는데, 동작 온도를 100℃ 이상으로 높일 수 있다면 생성한 스팀의 이용 범위가 확대되고, 또 자동차의 동력원으로 이용하는 경우에는 라디에이터를 작게 할 수 있다.

또 현재의 막은 물을 포함한 상태에서 프로톤 전도성을 발휘하는데, 그 때문에 가습장치를 필요로 하며 수분 관리라는 어려운 과제를 안고

있다. 그러므로 100~120℃ 이상의 온도에서 무·저가습으로 동작할
수 있는 막 개발을 목표로 연구가 진행되고 있다.

예를 들면, 퍼플루오로계 막에서는 고차 구조를 도입함으로써 고습
(高濕)에서의 기계적 강도를 향상하는 것과 종래의 막에 무기계 보습제
를 첨가하는, 혹은 무기와 유기 성분이 화학적으로 결합하는 하이브리
드 재료 등이 연구되고 있다.

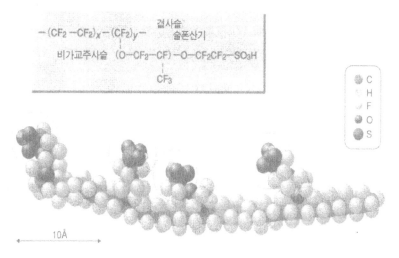

그림 5-3 | 퍼플루오로 설폰산막의 구조

(3) 전극 촉매

일반적으로 전지 활물질의 산화환원 반응은 촉매의 표면에서 일어
난다. PEFC의 경우 앞에서 설명한 바와 같이 전극 촉매로 백금이 사용

되고 있다.

백금의 표면적이 클수록 촉매 상에서의 전류 밀도는 떨어지고, 그로 인하여 활성화 과전압은 더욱 낮아진다. 반응하는 전극 촉매 면적을 크게 하기 위해 백금을 미세한 입자상으로 한 다음 이를 전극을 구성하는 재료인 카본블랙(담체)에 균등하게 분산시켜 부착(담지)시키는 방법이 채용되고 있다.

초기의 연료전지 전극에는 촉매로 백금흑(platinum black)이 사용되었다. 백금흑은 순수한 백금 미립자인데, 1g당의 표면적(비표면적)은 수㎡에 이를 정도로 미세한 입자였으나 자원이 희소하고 고가의 백금 사용량을 줄이기 위해 비표면적(比表面積)을 보다 증대시키는 대책이 강구되어 왔다.

담체의 비표면적은 그것이 담지(擔持)하는 백금의 입자 사이즈와 분포 상태에 영향을 준다. 즉, 같은 백금의 담지량이라면 담체의 비표면적이 큰 쪽이 보다 작은 백금입자를 균일하게 분산하여 담지할 수 있다.

일반적으로는 입자 지름이 20~40㎚, 비표면적이 100~800㎡/g 정도의 카본 담체가 사용되고 있는데, 이와 같은 카본블랙에 담지된 백금의 입자 지름은 1~5㎚ 수준이고, 그 백금 비표면적은 50~200㎡/g에 이른다.

그리고 가스 확산층과 전해질막 사이에 위치하는 촉매층은 카본 담지 백금 촉매, 고분자 전해질 및 발수제를 혼합한 것으로, 두께는 10 내지 수십 ㎚ 정도이다.

백금 촉매량을 감소하기 위한 노력을 기울인 결과, 현 전극의 단위 면적당 백금 담지량은 PEFC에서는 캐소드에서 $0.3\,mg/cm^2$, 순수소 연료를 사용하는 애노드에서 $0.2\,mg/cm^2$ 정도로 되었다.

연료로서 개질가스를 사용하는 경우에는 개질가스 속에 포함되는 CO에 의해서 애노드 쪽의 백금 촉매가 피독(독을 받아)하여 촉매의 활성을 열화시킨다.

CO를 제거하는 대책으로 백금의 합금화가 추진되어 그 성능이 관측된 결과 특히 Pt(50%)-Ru(50%) 촉매로 우수한 특성이 확인되었다. 이는 Ru가 물을 분해함으로써 Ru의 표면이 OH로 덮이고, 그것이 마상의 CO를 산화하기 때문으로 간주되고 있다. 즉,

$$H_2O \rightarrow Ru - OH_{ad} + H^+ + e$$
$$Pt - CO_{ad} + Ru - OH_{ad} \rightarrow Pt + Ru + CO_2 + H^+ + e$$

에 의해서 백금 촉매에서 CO가 제거되어 촉매의 활성이 부활한다. 여기서 ad는 흡착을 나타낸다. CO의 농도가 $10\,ppm$ 정도까지는 장기간에 걸쳐 촉매 활성이 유지되는 사실이 확인되었다. 그러나 높은 CO 농도에서의 내구성을 보장하지 않기 때문에 내(耐) CO 피독촉매의 탐사는 끈질기게 추구되고 있다.

CO의 도입이 없는 캐소드에서는 Pt에 의해서 산소의 환원 반응이 원활하게 진행되지만 공기가 사용되는 경우에는 O_2의 농도 저하로 인한 농도 분극과 H_2의 산화 속도에 비하여 O_2의 환원 속도가 늦음으로 인한 활성화 분극과의 문제가 있는 관계로 캐소드 촉매에 대해서도 마의 합금화가 검토되고 있다. 특히 Pt-Fe와 Pt-Ni 등의 합금이 유력한 촉매 후보로 거론되고 있으며 기초 연구가 진행되고 있다.

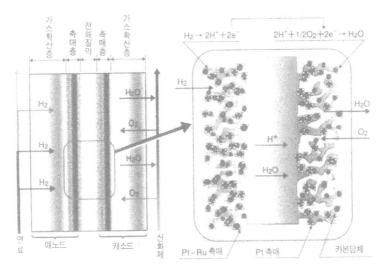

그림 5-4 | MEA의 구조

(4) 가스 확산층

가스 확장층은 일반적으로 가스 투과성과 전자 전도성이 뛰어난 두께 $100 \sim 300 \mu m$ 정도의 카본지나 카본 크로스 등 카본 섬유 및 발수성이 강한 PTFE에 의해서 구성된다.

카본 섬유는 구멍 지름(공경)이 수십~수백 · N 정도의 기공을 가지고 있으며 PTFE는 이 카본 섬유에 걸쳐 분포되어 있다. 가스 확산층은 연료와 산화제가스를 촉매층에 확산시키는 역할과 생성된 물을 세퍼레이터 유로(流路)에 배출하는 역할을 하고 있다.

(5) 세퍼레이터

세퍼레이터(또는 바이폴라 플레이트)는 매우 다양한 역할을 담당하고 있다. 먼저 연료(수소)와 산화제(공기)를 분리하고, 반응가스를 각 셀에 공급하거나 반응에 사용되지 않은 가스를 셀에서 배출하기 위한 매니폴드로 역할하고, 이 밖에도 애노드에 수분을 공급하는 동시에 캐소드에서 발생한 물을 전지 밖으로 배출하며, 전지가 반응함에 따라 발생하는 열을 제거하기 위한 냉각제를 흘리고, 전극 반응으로 발생한 전류를 집전하는 한편, 반응가스를 전지 외부로 누출하지 않기 위한 차단재와 인접한 셀의 전기적 커넥터 기능을 하는 등 많은 역할을 담당하고 있다.

따라서 세퍼레이터의 앞뒤에는 유로가 형성되어 있다. 또 PEFC에는 수소가 사용되므로 가스 차폐(Gas Seal)는 중요하며 차폐의 길이는 30m 이상으로 되어 있다.

세퍼레이터용 재질의 조건은 내식성, 전자전도성이 요구되며, 형성하기 쉬워야 하고 비용도 저렴해야 한다. 이밖에도 PEFC를 콤팩트하게 구성하기 위해서는 가능한 한 얇게 하는 것이 요구된다. 이와 같은 조건을 만족하는 재료로 카본 또는 금속이 사용된다.

카본의 경우는 고온에서 처리한 카본재를 슬라이스(slice)하여 사용한 경우 전기저항은 작지만 겉과 뒤에 기계적 가공으로 반응가스 유로를 형성할 필요가 있어 원가 절감이 어렵다. 몰드 가공이면 가스 유로를 낮은 값으로 형성할 수 있지만 카본 입자를 결착시키기 위한 수지가 절연체이기 때문에 수지 선택에 문제가 있다.

다른 한편, 금속재의 경우는 전해질막이 강한 산성이어서 산화분위기와 환원분위기 양쪽에 노출되기 때문에 사용 가능한 재료는 극히 제한된다. 타이타늄은 내식성이 우수하고 경량화에 적합하지만 전기 절연체인 산화타이타늄 피막이 발생하므로 금도금 등을 하여 사용할 필요가 있다.

스테인리스재는 철 이온 등이 방출되기 때문에 귀금속의 도금이나 질화크로뮴이나 카본을 사용한 표면처리 방법이 쓰인다.

알루미늄 등은 도금을 하면 사용 가능하지만 핀홀 등에서 국부 부식을 야기할 위험성이 크다. 니켈이나 구리 역시 장기간 사용을 생각한다면 내식성에 대한 대책이 요구된다.

금속재료는 일단 표면처리를 필요로 하는 과제가 있지만 카본에 비한다면 엷게 할 수 있고 접거나 구부림이 용이할 뿐만 아니라 소형화와 비용 절감에는 유리한 재료라 평가할 수 있다.

가정용 출력 1㎾ 수준의 PEFC 스택의 경우 적층되는 발전용 셀은 80매 정도인데 세퍼레이터의 수는 연료나 공기의 유로를 형성할 뿐만 아니라 냉각제를 흘리는 역할이 부가되므로 그보다 배 정도에 이른다.

셀의 적층 수가 많으면 많을수록 발생 전압은 높아지고 더 효율적으로 교류로 변환할 수 있지만 연료와 공기의 배분 및 차단 면에서의 어려움은 그만큼 키진다.

4. 전류와 전압의 관계

(1) 셀 내부에서 발생하는 손실

연료전지가 발전하기 위해서는 전류를 외부로 끌어낼 필요가 있으며, 전류가 정상적으로 흐르기 위해서는 애노드 및 캐소드에서 전극 안의 전자와 전해질 속의 이온 사이에 전하의 주고받음이 같은 속도로 진행되지 않으면 안 된다. 전하를 주고받는 속도는 화학반응의 속도에 비례하므로 전류의 크기는 전지 속에서 진행되는 화학 반응의 속도에 비례한다.

연료전지 스택의 전극 간에 부하를 접속하고 전류를 흘려 발전 운전을 하면 실제 발전 효율은 열역학적으로 유도된 이론효율(이상적 열효율)보다도 상당히 낮아진다. 그 이유는 전류에 수반되는 각종 손실이 발생하기 때문이다. 셀 내부에서 발생하는 손실의 원인으로는 우선 활성화 분극, 확산(농도) 분극 및 저항 분극으로 인한 과전압을 들 수 있다.

현상적으로는 셀의 전극 간 전압이 낮아지는데, 전류가 없을 때의 평형 기전력에 대한 전류를 흘렸을 때의 실제 전극 간 전압의 차를 '과전압'이라고 한다. 과전압은 위에서 설명한 각종 분극에 따라 분류되며, 각각 활성화 과전압, 확산 과전압, 저항 과전압으로 칭하고 있다.

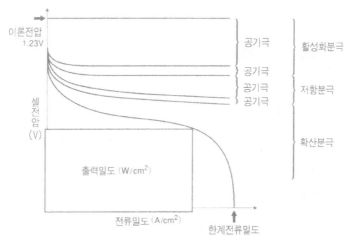

그림 5-5 | 전압-전류특성

(2) 활성화 분극

PEFC의 경우 애노드에서의 수소 산화 반응, 그리고 캐소드에서의 산소 환원 반응의 진행으로 전하의 이동이 이루어져 전류가 흐르고, 외부 회로를 통하여 전력을 끌어낼 수 있다. 이와 같은 전극 반응의 진행

과정에서 수소나 산소는 일단 기저 상태에서 활성화된 상태로 들뜨게 되어 전기 화학 반응이 진행되는데, 이때 활성화(들뜸)를 위한 에너지를 필요로 한다. 이 들뜸을 위해 전지의 일부 기전력이 이용되는 결과 과전압이 발생하는 것으로 생각된다. 들뜸 때문에 흡수된 에너지는 전극 반응이 진행되어 생성계가 다시 기저 상태로 돌아오면 열로 방출된다.

화학 반응에서의 속도상수 k의 활성화 에너지 및 온도에 대한 관계는 일반적으로 아레니우스(Arrhenius) 방정식

$$k_0 = A \cdot \exp(-E_a/RT) \quad\cdots\cdots\cdots\cdots\cdots\cdots\cdots\cdots\cdots \text{(5-1)}$$

로 표시된다. 여기서 E_a는 활성화 에너지(activation energy)이고, A는 빈도인자라고 한다.

즉, 활성화 에너지 E_a가 낮고 온도가 높아질수록 속도상수는 커지므로 전극 반응 속도는 빨라진다. 따라서 전류값이 커지는 것을 알 수 있다.

그러나 전극에 전위를 부여한 상태에서는 반응의 방향에 따라 실질적인 활성화 에너지의 크기가 변화한다. 즉, 전하 이동과정이 율속(律速)일 때는 반응속도상수 k는 식 (5-1)에 전극전위의 지수함수가 포함되게 되어

$$k = k_0 \cdot \exp(FE) = A \cdot \exp(-E_a/RT) \cdot \exp(FE) \quad\cdots\cdots \text{(5-2)}$$

로 구할 수 있다.

영국의 물리학자 버틀러 볼머(Butler Volmer)는 1920년에 이 문제를 이론적으로 검토해 산화 방향과 환원 방향 각각에 대하여 전극 반응의 활성화 에너지에 대한 전극전위의 정량적인 관계식을 도출했다.

버틀러의 관계식은 전극전위를 높게 하면 산화 방향의 전극 반응은 촉진되고 반대로 환원 방향의 전극 반응은 억제되는 경향을 갖는다는 것을 나타낸다. 반대로 전극전위를 낮추면 산화 방향의 전극 반응 속도는 떨어지고 환원 방향의 속도는 커진다. 이러한 현상을 나타낸 일련의 관계식을 '버틀러 볼머의 식(Butler-Volmer equation)' 혹은 간단하게 '버틀러식'이라고 한다.

식의 상세한 유도는 매우 복잡한 과정을 포함하므로 설명은 부록에 싣는다.

한편, 실제의 전극전위와 평형전위의 차를 '과전압(overpotential)'이라고 한다. '평형전위'란 산화 방향과 환원 방향의 전류가 같아지고 알짜 전류밀도가 0이 되었을 때의 전극전위이다. 전극에 전류를 흘리면 그 크기에 따라 과전압은 변화한다.

전극 반응에서 전하 이동이 율속이 되는 활성화 분극에 바탕을 둔 과전압을 '활성화 과전압(activation overpotential)'이라고 한다. 활성화 과 전압 η는 연료전지를 방전시켜서 전류를 흘리면 애노드 측에서는 전극전위를 높이는 방향으로, 캐소드 측에서는 전극전위를 낮추는 방향으로 작용하므로 전류를 흘림으로써 전극 간 전압은 떨어지는 경향을 나타낸다. 과전압과 전류밀도의 관계는

$$\eta = a \pm b \log i$$

로 나타낸다. 이것이 1905년에 Tafel이 제시한 유명한 '테펠의 유도'이다. 이 식은 전류값이 작을수록 과전압이 크게 변화하지만 전류값이 커지면 과전압의 변화가 완만하다는 것을 나타내고 있다.

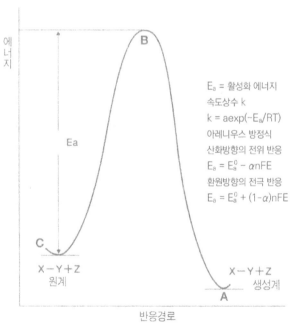

그림 5-6 | 전극 표면에서 오프쇼어를 향한 거리

따라서 PEFC의 출력밀도를 향상시키기 위해서는 과전압을 저하시킬 필요가 있다. 과전압은 반응온도와 전극의 상태에 따라 다르지만 PEFC의 경우 일반적으로 산소의 환원 반응, 즉 캐소드 측이 보다 큰 값으로 되어 있다. 그리고 이 과전압을 저하시키기 위해 반응온도를 높이기 어려운 PEFC에서는 애노드 및 캐소드 양 전극에서 전극 촉매가 사용된다.

수소 산화, 산소 환원 반응의 교환전류 밀도를 크게, 그리고 내구성이 있는 전극 촉매로서 대표적인 재료가 백금이다. 따라서 PEFC와 PAFC에서는 백금이 전극촉매로 사용되고 있다. 그러나 MCFC와 SOFC 등의 연료전지에서는 고온동작 때문에 백금과 같은 고가의 전극 촉매를 필요로 하지 않는다.

(3) 확산 분극과 확산 전류

전극에서 화학 반응이 일어나면 평형이 무너져 반응계·생성계에 농도 구배가 생겨 확산(농도) 분극을 발생시킨다. 확산 속도는 무한대가 아니므로 큰 전류밀도를 흘리려고 하면 활물질이 전극에 도달하기까지 시간 지연이 발생하므로 그것을 보장하기 위한 에너지가 필요하다.

활성화 분극에서와 마찬가지로 일부 기전력이 이 에너지를 공급하기 위해 농도 과전압으로 소비되고 최종적으로는 열로 방출된다. 따라서 활성화 과전압이 주로 전류밀도가 작은 범위에서 현저하게 나타나는 데 비해, 농도 과전압은 전류밀도가 큰 범위에서 두드러진 경향을 보인다.

전극 반응의 속도상수는 전극전위의 지수함수로 나타내는 데 대하여 확산에 의한 물질이다. 이온의 이동속도는, 특히 반응 관여 물질이 이온인 경우에는 전극전위의 영향을 받기는 하지만 일반적으로는 물질 이동의 속도상수는 전극전위와는 무관하게 일정하다.

예를 들면 PEFC에서 캐소드의 경우, 전극전위를 낮추어 나가면 환원 속도가 커져 수소이온이 전극면에 도달하자마자 바로 환원돼 전극면의 수소이온 농도는 거의 0이 되는 현상이 발생하게 된다.

이와 같은 조건에서의 전류는 전극전위를 더욱 낮추어도 증가하지 않고 어떤 극한값에 도달한다. 이 극한값을 한계 전류(limiting current), 특히 전극 반응 물질이 확산 과정에서 전극면에 공급되는 경우에는 확산 지배의 한계 전류, 약칭하여 '확산 전류(diffusion current)'라고 한다.

(4) 저항 분극

전해질을 구성하는 이온교환막의 전기저항, 전극과 이온교환막 간의 접촉저항 및 전극과 세퍼레이터 등에도 저항이 있으므로 전류를 흘리면 이들 부분에서 전기적인 손실이 발생하여 전압이 떨어진다. 이것이 저항 분극에 기인하는 저항 과전압이다. 저항 분극, 즉 저항과 전압은 기본적으로는 전류에 비례한다. 전기회로에서는 옴 손실(ohmic loss)에 상당하는 전압강하이다.

5. 물 관리 문제

PEFC의 전해질막 속 이온이 수송되기 위해서는 물의 존재가 불가결하다. 물은 이온이 교환되는 쪽의 고분자 곁사슬의 운동성을 유지함과 동시에 이온을 수송시키는 채널의 체적(이온 클러스터 영역)을 확보하기 위한 구성 물질 역할을 하기 때문이다.

다른 각도에서 보면 퍼플루오로 설폰산막은 발수성(water repellency)의 테플론 골격과 선단이 친수성인 곁사슬로 성립되어 있으며, 수소이온이 매우 쉽게 통할 수 있다.

또 수소이온은 그로투스 메커니즘(Grotthuss Mechanism)에 의해서 수송된다고 생각되며 그 때문에도 물의 존재는 필수적이다.

다른 한편, 고분자막 안에서는 물은 단지 이온을 둘러싸는 매체일 뿐만 아니라 물 분자가 전기삼투(Electroosmosis) 현상에 의해서 이온과 함께 움직이는 사실이 밝혀졌다.

현상으로서는 이온의 수송에 따르는 물 분자의 소거, 즉 이온 주위의 제1수화수(water of hydration) 및 그 바깥쪽의 수화권(水和圈)에 있는 물 분자의 수송이라 생각할 수 있다.

따라서 특히 애노드 쪽의 전해질이 건조하기 쉬우므로 수분을 포함한 수소를 공급하고 있는데, 다음에 설명하는 바와 같이 캐소드를 포함하여 수분 함유량의 관리는 어려운 문제 중 하나다.

캐소드에서는 외부에서 공급되는 산소가 전극에서 전자를 받아 산소 이온이 되고 전해질을 통과해서 온 수소이온과 결합하여 물을 생성한다.

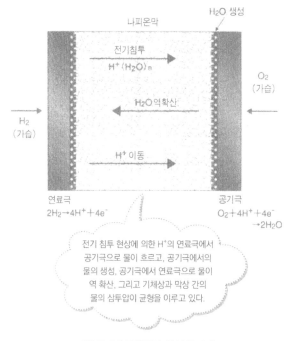

그림 5-7 | 전해질막 안의 물 수송

따라서 물이 풍부하게 존재하는 것으로 생각되지만 산소가 유입하는 전극 입구 부근에서는 물이 부족하기 때문에 전해질 속의 습도는 수증기의 포화증기압 이하가 되어 전해질막을 건조시키는 경향을 보인다. 이에 대하여 캐소드의 출구 근방에서는 습도가 포화증기압을 크게 초과하므로 응축된 물이 다공 전극이나 가스 유로를 폐색할 가능성이 발생한다. 이것이 셀의 물 관리 어려움을 보여주는 현상 중 하나이다.

6. 발전 시스템 효율의 계산식

2~3장에서 설명한 바와 같이 이론적인 이상 열효율은 매우 높지만 발생 시스템에서의 현실 열효율은 이상 열효율과 비교하면 상당히 낮은 편이다. 이 절에서는 메탄가스(CH_4) 개질의 PEFC 발전 시스템을 예로 들어 연료전지 시스템의 발전단효율(發電端效率) 다시 말해, η_g를 구하는 식을 소개하겠다.

1장에서 설명한 바와 같이 1㏖의 메탄을 2㏖의 수증기를 사용하여 수증기 개질하면 화학량론적으로는 4㏖의 수소가스가 생성된다. 그러나 실제 시스템에서의 수소 생산량은 여기에 개질 효율 (η_{ref})을 곱해야 한다. 또 생성된 수소가스 전부가 연료전지의 프로세스에서 유효하게 전력으로 변환되는 것은 아니므로 연료 이용률(Uf)이 도입된다.

앞서 설명한 분극으로 인한 과전압 효과는 이론전압(E)에 대한 운전 때의 전압(V)의 비(比)로 표현된다. 또 발생한 전력은 직류이기 때문에 이것을 교류로 변환하면 인버터(inverter)효율(η_{inv})을 도입할 필요가 있다. 이와 같은 성적계수를 고려하면 발전단 효율(η_g)은 다음과 같이 나타나는 것을 쉽게 이해할 수 있다.

$$\eta_g = (4\Delta G_{H_2}/\Delta H_{CH_4}) \cdot (V/E) \cdot Uf \cdot \eta_{ref} \cdot \eta_{inv}$$

여기서 ΔG_{H_2}는 수소 1mol의 전기 화학 반응에서의 깁스 자유에너지의 감소량(이론발전량)이고, ΔH_{CH_4}는 메탄 1mol의 발전량을 뜻한다. 또 연료 이용률은 실제로 스택에 공급된 수소량에 대한 발전 반응에 필요한 이론수소량 또는 실제로 발전 반응에 사용된 수소량의 비이고, 개질률은 공급된 메탄 중에서 개질된 메탄의 비율로 정의된다. 참고로 데이터의 한 예를 소개하면 다음과 같은 값이 된다.

$$\Delta H_{CH_4} = -802.32kJ/mol(LHV, 25°C), \quad \Delta G_{H_2} = -226.57kJ/mol(70°C)$$

$$E = 1.175V(70°C) \text{、} V = 0.6 \sim 0.7V(PEFC) \text{、} Uf = 0.65 \sim 0.85$$

$$\eta_{ref} = 0.9 \sim 1.0 \text{、} \eta_{inv} = 0.9 \sim 0.95$$

이러한 수치를 써서 발전 효율(η_g)을 계산하면 약 30~54%의 범위가 된다.

[그림 5-8]은 메탄을 연료로 사용하는 연료전지 발전 시스템을 나타낸 것이다. 송전단 효율은 여기에 블로어의 동력 등 소내(所内) 동력이 고려된다.

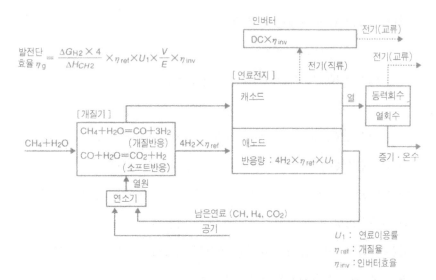

$$\text{발전단}\ \text{효율}\ \eta_g = \frac{\Delta G_{H2} \times 4}{\Delta H_{CH2}} \times \eta_{ref} \times U_1 \times \frac{V}{E} \times \eta_{inv}$$

그림 5-8 | 연료전지 발전 시스템의 발전단 효율

〈참고문헌〉

田村・松田 共書「現代電氣科学」塔風館

6장

연료전지 자동차(FCV)와 가정용 PEFC 코제너레이션의 실증 연구

1. 고체 고분자형 연료전지(PEFC)의 개발과 도입 시나리오

일본의 경제산업성은 2002년 이래 PEFC에 특화된 개발을 적극적으로 추진하고 있다. 이 전략 시나리오에 의하면 [그림 6-1]과 같이 2002~2004년까지를 기반 정비 및 기술 실증 단계로 설정하고 있다. 즉, 이 기간에 PEFC와 수소의 생성·이용에 관한 기술을 개발함과 동시에 규제를 재점검하여 그 완화와 기준·규격의 국제 표준화를 추진하고, 연료전지 자동차(FCV)와 가정용 코제너레이션 시스템의 실증 실험을 하게 되어 있다.

특히 FCV의 실증 운전 실험을 하기 위해서는 수소 스테이션의 설치 등 사회적인 인프라를 준비할 필요가 있으므로 다양한 수소 정제 과정을 이용한 수소 스테이션이 건설되었다. 이 장에서는 이 기반 정비·기술 실증단계에서의 FCV와 가정용 PEFC 시스템의 개발·실증 상황을 소개하겠다.

2. FCV의 개발과 실증 운전 실험

(1) JHFC 프로젝트

토요타·닛산·혼다·GM·Ford·다임러 크라이슬러 등 세계의 주요 자동차 메이커들은 1994년 이후 속속 새로운 연료전지 자동차(Fuel

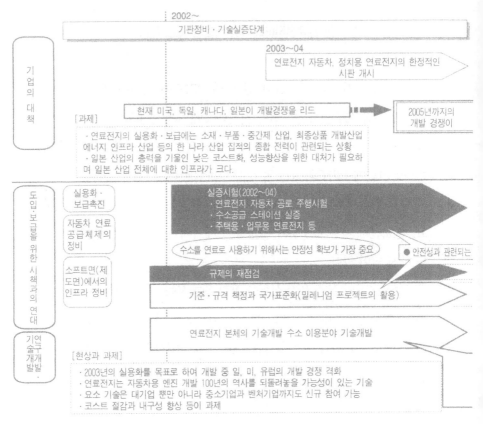

그림 6-1 | 경제 산업성에 의한 PEFC 기술 개발 시나리오

Cell Vehicle; PCD)를 발표하고, 최근에는 실용화 · 상용화를 목표로 공로 (公路)에서 운전 실험을 실시하고 있다. 일본에서는 토요타 자동차와 혼다가 2002년 12월 2일 FCV를 리스 방식으로 내각관방, 경제산업성, 국토교통성, 환경성 등 4성청에 합계 5대를 납품하였다. 리스 요금으로 토요타의 FCHV는 월 120만 엔, 혼다의 FCX는 월 80만 엔이라 발표했다.

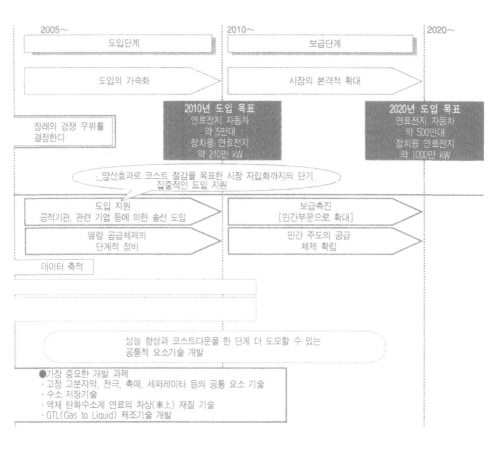

위에서와 같이 일본의 자동차 메이커는 이미 표어를 시장에 출하한 점에서는 한 걸음 앞서가는 것으로 생각되지만 FCV를 시장에 도입하고, 그것을 보급시키기 위해서는 아직 상당한 시간이 필요할 것으로 전망된다. 물론 이제부터가 진정한 승부의 장이 될 것이다. FCV 시장이 자율적으로 커 나가게 하기 위해서는 성능뿐만 아니라 비용이 대폭 절

감되어야 하고, 순수소를 연료로 사용하게 된다면 수소 공급 인프라가 사회에 폭넓게 정비되는 것이 필수 조건이다. 현재 1대당 1억 엔 이상으로 평가되는 FCV는 가솔린 자동차에 대항하려면 두 자리 숫자의 비용 절감이 요구된다. 이 목표를 실현하기 위해서는 앞으로 여러 단계의 기술적 도약이 불가피할 것으로 생각된다.

일본에서는 '고체 고분자형 연료전지(PEFC)/수소 에너지 이용 기술 개발전략'에 바탕을 두고 공로에서의 실증 운전에 관한 국가적 프

사진 6-1 | 2003년도까지 JHFC 프로젝트에 참가한 FCV

로젝트 JHFC(Japan Hydrogen & Fuel Cell Demonstration Project)가 2002~2004년도 계획으로 실시되었다. 이 프로젝트는 '연료전지 자동차 실증 연구'와 'FCV용 수소 공급설비 실증 연구'를 통해 공로에서의 대규모 FCV 실증 실험과 그에 필요한 수소 공급 스테이션 실증 운영을 일체화하여 실시함으로써 FCV 도입과 관련된 에너지 효율과 환경 특성, 안전성 등에 관한 기초적 데이터를 획득하는 데 목표를 두고 있다.

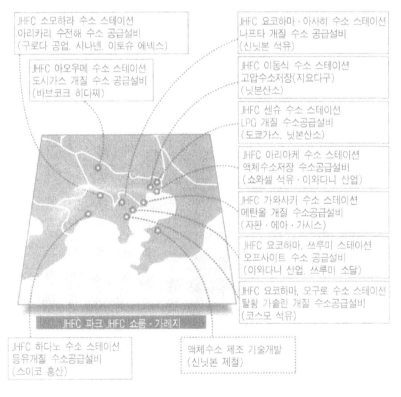

그림 6-2 | 수소 공급 스테이션과 수소 생성 방식

[사진 6-1]은 2003년도까지 JHFC 프로젝트에 참가한 FCV를, [그림 6-2]는 같은 연도까지 건설된 수소 공급 스테이션과 수소 생성 방식을 도시한 것이다. 또 [표 6-1]은 2002년도까지 참가한 각 자동차 메이커에 의한 PCV의 주요 시방을 정리한 것이다.

자료는 주로 JHFC 2004년도 『수소·연료전지 실증 프로젝트』를 참고하였다.

	토요타 FCHV	혼다 FCCX	닛산 X-TRAIL FCV	GM HydroGen 3	DC Benz-A
차량 중량(kg) 승차 인원(명)	5	1680	5	1750 5	5
최고 속도 (km/h)	155	150	125	160	140
항속 주행 거리 (km/모드)	300 (10·15)	355 (LA4)80	400 (EDC)		150
모터 최고출력 (kW)	80	60	58	60	65
PEFC 최고출력 (kW)	90	78		94	68.5
에너지 저장	니켈 수소전지	울트라 커패시티	리튬 이온전지		니켈 수소전지
수소 저장 (MPa)	고압가스 35	고압가스 35	고압가스 35	액체 4.6kg	고압가스 35

표 6-1 | 각 자동차 메이커에 대한 FCV의 주요 시방

(2) 수소 스테이션의 시방

예를 들면, 2003년 3월 12일에 오픈한 요코하마시 오구로마찌의 수소 스테이션은 코스모석유에 의해서 건설되었다. 황 성분 1ppm이하의 가솔린을 원연료로 수증기 개질하여 수소를 생성하는 원사이트 방식이고, CO 제거와 수소의 고순도화에는 PSA(Pressure Swing Adsorption)가 채용되었다. 수소를 제조하는 능력은 30Nm^3/h, 수소의 순도는 99.99%, 20 및 40MPa의 압축 수소가스를 각각 936 및 1,280Nm^3 측압기에 저장할 수 있다. 이 수소 스테이션은 연속해서 5대의 FCV에 35MPa의 압축 수소가스를 충전하는 능력을 갖추고 있다.

또 이 스테이션에는 주행 실험에 사용하는 FCV를 수납하기 위한 차고가 건설되어 있어 JHFC의 베이스 기지 역할을 하게 되어 있다.

사진 6-2 | 요코하마 오구로 수소 스테이션
(자료제공 : 코스모 석유)

3. 정치식 PEFC의 실증 시험

(1) 가정용 연료전지의 동작 조건

가정용 연료전지 시스템에서는 도시가스 혹은 LPG를 연료로 사용하고 이것이 먼저 수증기 개질 과정을 거쳐 개질가스로 변환된다. 수소를 포함한 개질가스와 공기를 연료전지에 투입하여 획득하는 전력 및 열은 일반 가정에서 소비하게 되는데, 연료전지에 의해서 얻어진 전력은 직류이기 때문에 인버터를 이용하여 교류 200V로 변환되며, 부하 변동에 대응할 수 있도록 상용 전력과 계통 연계되어 있다.

또 가정용 연료전지로는 다음에 설명하는 이유로 PEFC가 예상되는데, 이 경우 배기열 온도는 80℃ 전후로 낮기 때문에 일단 저장 탱크에 저장한 다음 필요에 따라 가정에서 소비하고 있다. 또 PEFC의 경우 그 성능이 전해질인 고분자막의 습윤 상태에 크게 의존하므로 도입하는 공기는 가습에 의해서 조습(調濕)되어야 한다. PEFC 스택에서 수수와 산소가 반응하여 얻어지는 수증기는 회수되어 개질 반응 및 셀의 가습을 위해 이용된다.

가정의 전력 및 온수 부하는 시각에 따라 크게 변동하고 야간의 전력 부하는 피크 부하 전력과 비교하여 한 자릿수 이상 낮은 것이 현실이다. 이와 같은 부하 변동의 크기는 장차 전기제품의 보급과 대기전력(待機電力)의 감소로 더욱 늘어날 것으로 예상된다. 가정용 연료전지 시스템은 이미 설명한 바와 같이 상용전원과 연계하여 운전되지만 부하보다도 전기 출력이 높은 시간대에는 역조류에 의한 전기 매입을 하게 된다.

그러나 전기 회사에 의해서 전기를 사들이는 가격은 현실적으로 그다지 비싼 값이 아니므로 낮은 부하 때는 발전을 정지하는 것이 유지비를 줄이는 길이라 생각된다. 이와 같은 이유로 가정용 전원 시스템에는 부하 추수(追隨) 기능과 발전·정전 기능이 필요하다. 이와 같은 점에서 DSS(Daily Start and Stop) 운전이 용이한 PEFC가 적합한 기종이라 할 수 있다.

예를 들면 입무용 코제너레이션으로 보급된 PAPC에서는 안전성 확보와 촉매의 열화 방지 대책으로, 운전 정지 때는 연료전지 용기 안의 연료가스를 움켜쥐어 질소가스와 같은 불활성 가스에 의해서 대체하고 있지만 가정에서는 질소 봄베 설치가 쉽지 않으므로 이와 같은 관점에서도 가정용으로는 동작 온도가 낮은 PEFC가 우수하다.

(2) PEFC에 의한 코제너레이션 실증 실험

일본 경제산업성 자원 에너지청은 PEFC 시스템 실증 등 연구사업을 2002부터 2004년까지 실시할 예정인데, 그중 한 프로젝트에 가정용 코제너레이션 시스템의 실용화를 위한 정치용 연료전지 실증 연구가 포함되어 있다.

프로젝트를 실시하는 모체로는 재단법인인 신에너지재단이 지명되었다. 그리고 실증 시험 내용으로는 한랭지와 해변 지역 등 다양한 환경 아래서 PEFC 코제너레이션 시스템의 운전 시험 및 가정용 연료전지를 계통 연계할 때의 영향 평가 시험 등이 포함되어 있다. 구체적인 사이트, PEFC 시스템 설치자와 시스템 제공 메이커는 [표 6-2]와 같다.

설치 장소	설치 시험자	시스템 제공자
이시가리시	호카이도 전력	마쓰시타 전기산업
삿포로시	닛본가스협회	에고마하라
무로란시	무로란테크노센터	신닛본 석유
도미야(미야시로)	유아테크	마루베니
단가시	자판 에너지	마루베니
도마코마이시	스이코흥업	이시가와지마나리 마중공업
가와사키시	에고마하라	에고마하라
도쿄도 세다야구	도쿄전력	에고마하라
도쿄도 세다야구	닛본가스협회	산요전기
쓰쿠바시	쓰미미쓰 화학공업	도시바 IFC
도쿄도 나카노구	생활기치창조 주택개발기술연구조합	산요 전기
소우카시	NTT 데이터	신닛본 석유
사이타마시	세키 전공	구리다 공업
도쿄도 시나가와구	시나낸	구리다 공업
도쿄도 미나도구	닛본가스협회	이시가와지마나리 마중공업
도쿄도 시나가와구	토키와	신닛본 석유
도야마시	호쿠류쿠 전력	산요전기
나가오카시	나카타현	도시바 IFC
니카타시	닛본가스협회	산요전기
나카스가와시	기후현	마쓰시타 전기산업
가네사와시	마쓰무라 물산	신닛본 석유
노사카시	닛본가스협회	마쓰시타 전기산업
스시오카시	닛본가스협회	에고마하라
나고야시	닛본가스협회	토요타 자동차
사쿠라이시	간세이 전력	마쓰시타 전기산업
나고야시	닛본가스협회	마루베니
쓰쿠시노시	큐슈전력	에고마하라
히로시마시	주고쿠전력	히타치 H&L
히로시마시	닛본가스협회	미쓰비시 중공업
후쿠오카시	닛본가스협회	마쓰시타 전기산업
기쿠마마찌(애히매)	타이요 석유	도시바 IFC

표 6-2 | 정치식 PEFC 시험 장소, 설치 시험자와 시스템 제공자(2003년도)

7장

마이크로 연료전지
동작 원리와 기술적 과제

1. 모바일 기기용 마이크로 연료전지에 대한 기대

휴대전화나 노트북 컴퓨터 등 소위 모바일 기기에는 2차 전지가 장비되어 있다. 이 2차 전지는 전기를 비축하는 기능이 있으며 정보를 전송하거나 처리하는 데 필요한 전력을 공급하는 역할을 한다.

모바일 기기는 휴대하고 다니기 때문에 되도록 작고 가벼운 것을 원한다. 그러므로 전지에서도 출력과 에너지 밀도(부피와 중량 당 전기 출력과 전기량)를 될 수 있으면 크게 하면서도 전지 자체는 콤팩트화·경량화하는 것이 불가결한 조건이다.

휴대기기용 전지는 지난 십 수 년 사이에 많은 발전을 이룩하여 비약적으로 소형화가 달성되었다. 이것은 전지의 종류가 1990년 이후에 니켈 카드뮴전지에서 니켈 수소전지로, 다시 리튬 이온전지로 변천했다는 사실만으로도 능히 증명된다.

요즈음의 정보 관련 기기의 보급, 특히 모바일 통신과 인터넷이 폭발적으로 보급됨에 따라 1997년 이후 출력과 에너지 밀도에 있어서 우수한 성능의 리튬 이온전지 사용량이 비약적으로 증가했다. 예를 들면 현재 휴대전화의 소비전력은 통화 모드에서 평균 1W이고, 사각 리튬전지($0.5 \sim 0.6 Ah \times 3.6V$)이면 연속 2시간 정도의 통화가 가능하다.

위와 같은 현상은 휴대전화와 인터넷의 급격한 보급과 더불어 모바일 단말기에서 인터넷으로의 액세스 증가와 깊이 연관되어 초래된 결과이다. 앞으로 이와 같은 경향은 더욱 가속화될 것이며, 정보 전송의 고속화, 특히 동영상 처리 등 멀티미디어 기능의 부가, 컬러화면 고정밀 표시, 고밀도 기록, 장시간 사용 등의 사회적 요구로 인해 모바일 단말기의 소비전력은 더욱더 증대될 것으로 생각된다.

다른 한편, 2차 전지의 에너지 밀도를 현재보다도 비약적으로 증가시키는 것은 기술적으로 쉽지 않으므로 이를 대체하는 새로운 에너지 장치의 출현을 기대하게 되었다. 이와 같은 요구에 부응하기 위한 수단으로 초소형 연료전지가 주목을 받게 되었다.

연료전지는 연료로부터 전력을 발생시키는 발전용 기기이다. 즉, 전지라는 이름이 따라 붙은 것은 사실이지만 그렇다고 전기를 비축하는 기능이 있는 것은 아니다.

그러나 연료만 지참한다면 그 연료를 연료전지에 공급함으로써 언제 어떠한 곳에서든 전기를 획득할 수 있다. 즉, 연료전지는 에너지를 비축하고 있는 연료가 전극 반응을 담당하는 전지 본체 외에 존재하는 것이 특징이며, 충전이라는 동작을 필요로 하지 않는 점이 연료전지의 2차 전지에 대한 최대의 차이점이다.

이처럼 정보 단말용 전원으로서의 전지의 경우 콤팩트화가 필수 조건이며, 따라서 연료는 에너지 밀도가 높은 액체 또는 고체가 바람직하다.

이와 같은 조건에 따라 연료로는 메탄올을 사용하는 직접 메탄올형 연료전지(DMFC)가 가장 유력한 후보로 검토되고 있다.

수소를 연료로 사용하는 고체 고분자형 연료전지(PEFC)는 DMFC에 비하여 효율이 높은 것이 장점이지만 수소는 상온에서 기체이기 때문에 수소 흡수저장 합금이 연료저장 수단으로 검토되고 있다.

이 밖에 붕산 수소 나트륨의 수소화물을 사용하는 형(밀레니엄 셀)이나 초소형 개질기를 사용하여 메탄올에서 수소를 끌어내는 형(모터 롤러, 카시오)이 제안되었다.

메탄올과 리튬 이온전지의 에너지 밀도를 비교하면 리튬 이온전지의 실질적인 에너지 밀도 상한은 0.6Wh/g로 간주되고 있지만 메탄올의 에너지 밀도는 6Wh/g이기 때문에 단순한 계산으로도 연료전지는 리튬 이온전지의 100배의 에너지 밀도를 갖는 것이 된다. 그러나 현실적으로는 연료전지의 부품과 연료 보관용의 용기를 고려해야 하기 때문에 3.5배 정도의 배율을 상정함이 현실적일 것으로 생각된다.

또 현실적으로는 연료전지에 상용되고 있는 메탄올 수용액의 농도는 10% 정도이고, 만약 그렇다면 에너지 밀도는 0.18Wh/g, 0.14Wh/㎤이 되어 리튬 2차 전지와 같은 정도에 불과한 것이 된다. 에너지 밀도를 향상하기 위해서는 메탄올 연료의 농도를 높일 필요가 있고, 실용화 조건으로서는 30% 이상, 가능하다면 100% 농도의 메탄올 용액을 연료로 저축하는 기술 개발이 요망된다.

일본의 도시바(Toshiba)는 연료탱크에 100%의 메탄올을 저장하지만 이것을 발전부에서 배출한 물로 희석하여 적당한 농도의 메탄올 수용액을 애노드에 공급하는 방식의 DMFC를 개발했다.

연료	체적밀도(Wh/cm³)	중량밀도(Wh/g)
액체 수소(liq·H₂)	2.3	33.0
수소흡착합금(LaN₁₅H₆)	2.7	0.4
메탄올(CH₃OH)	4.9	6.0

표 7-1 | 각종 연료의 에너지 밀도 비교

한편, 출력밀도를 비교하면 리튬 이온전지의 0.2~0.4W/cm²와 비교할 때 수소 연료 PEFC의 출력밀도는 약 2배 정도이고, DMFC는 전극 반응 속도가 PEFC에 비하여 현저하게 작다. 또 크로스오버 때문에 연료 이용률이 떨어지는 등의 이유로 출력이 낮아져 출력밀도가 1/4 정도에 불과하다. 따라서 자동차 등의 동력원으로 사용되는 고출력 연료전지로는 현재 DMFC가 유력한 후보로 고려되지 않고 있다.

최근 '유비쿼터스(ubiquitous)' 혹은 '유비쿼터스 사회'라는 용어가 많이 사용되고 있는데, 이는 '언제든지, 어디서든'을 뜻하며, 이를 실현하기 위해서는 휴대 정보 단말을 상시 동작시키는 것이 필요조건이다.

이와 같은 조건을 만족시키는 휴대 전원으로는 현재 연료전지 이외에 유력한 후보는 존재하지 않을 것이라고까지 전망하고 있다.

전지 문제는 비단 휴대전화뿐만 아니라 노트북과 PDA 혹은 카메라에서도 문제가 있으므로 이들 기기에도 마이크로 연료전지가 유효한 전원으로 가치를 발휘할 것이 틀림없다.

2. DMFC의 동작 원리

DMFC는 연료로는 메탄올 수용액을, 산화제로는 공기(산소)를 사용하는 연료전지다. 이 DMFC는 수소를 연료로 사용하는 다른 연료전지에 비하여 개질기(改質器)를 필요로 하지 않는다는 점이 큰 특징이다. 메탄올은 끓는점이 65℃이고, 상온에서는 액체이므로 높은 에너지 밀도를 실현할 수 있다.

또 연료 카트리지를 교환함으로써 연료를 쉽게 보급할 수 있는 것은 편리성 면에서도 뛰어난 특징이므로 편리성과 소형화가 요구되는 모바일 단말용 전원으로 가장 적합한 연료전지로 간주하고 있다.

DMFC의 전해질로는 퍼플루오로카본계나 탄화수소계 고분자를 설폰화한 막이 사용된다. 애노드에서는 메탄올과 물이 반응한 수소이온, 전자 및 탄산가스를 생성하고 캐소드에서는 전해질막을 통과해온 수소이온, 외부 회로를 거쳐 도달한 전자와 외부에서 공급된 산소가 반응하

여 물을 생성한다. 따라서 전극 반응은

애노드 : $CH_3OH + H_2O \rightarrow 6H^+ + CO_2 + 6e$ ······ (7-1)

캐소드 : $6H^+ + 3/2O_2 + 6e \rightarrow 3H_2O$ ·············· (7-2)

이고 전반응은

$$CH_3OH + 3/2O_2 \rightarrow CO_2 + 2H_2O$$

가 된다. 따라서 반응성 생물의 탄산가스가 애노드에서 연료에 혼입하여 배출된다. 캐소드에서 전극 반응은 PEFC에서의 그것과 동일하다.

애노드에서의 전극 촉매에는 PEFC와 마찬가지로 Pt-Ru 합금이 사용된다. 그 이유는 PEFC처럼 외부에서 CO가 도입되는 것은 아니지만 식 (7-1)의 반응 과정에서 CO가 발생하기 때문이다. 즉

$CH_3OH \rightarrow CH_2OH + H^+ + e$

$CH_2OH \rightarrow CHOH + H^+ + e$

$CHOH \rightarrow CHO + H^+ + e$

$CHO \rightarrow CO + H^+ + e$

와 같은 반응의 연쇄에 의해 CO가 발생하고, 그것이 Pt 표면에 흡착됨

으로써 촉매 활성이 상실하게 된다. 촉매가 Pt-Ru이면 Ru가 물을 분해하여, OH를 흡착한다. 즉

$$H_2O \rightarrow Ru - OH_{ad} + H^+ + e$$

로 되고, 이 OH가 근방의 마상의 CO를 산화하여 이로 하는 작용을 한다. 이렇게 되어 마상의 CO는 소실되고, Pt는 촉매로서의 활성을 회복한다. 캐소드에서의 전해 촉매로는 Pt가 사용된다.

열역학 이론에 의해서 도출된 DMFC의 이상 열효율은 96.7%(HHV)로, PEFC보다 높은 값을 나타낸다.

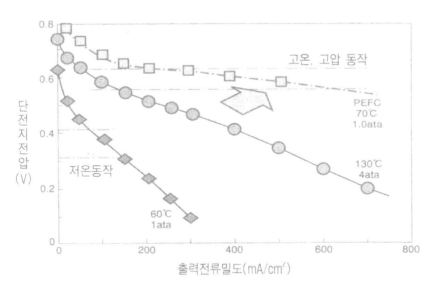

그림 7-1 | 메탄올 연료전지의 특성

그러나 현실적으로는 PEFC에 비하여 발전 효율이 낮다. 그 주된 이유 중 하나는 메탄올의 산화 반응 속도가 늦기 때문에 애노드에서의 활성화 과전압이 커져 전류를 흘리면 애노드 전위가 높아지기 때문이다. 두 번째 이유는 다음에 이어서 설명하는 바와 같이 메탄올의 크로스오버로 인해 연료 효율이 떨어짐과 동시에 캐소드 전위가 높아지기 때문이다. 따라서 전극 간 전위차는 이론값보다 상당히 작아진다.

3. 시스템 구성에 따른 분류

모바일용 전원으로 이용하는 것을 목적으로 하는 DMFC의 시스템 구성으로는 패시브형과 액티브형의 두 종류가 제안되었다. 패시브형은 연료와 공기의 공급을 펌프나 블로어 같은 동력 기구를 사용하지 않는 방식인데, 연료나 공기 도입에 수송동력을 적극적으로 사용하는 액티브형과 구별된다.

패시브형의 대표적인 기본 구성은 패널형이다. 이것은 기다란 사각형의 연료탱크 측면에 셀을 배열 장착하고, 이 셀을 인터커넥터로 직렬 접속한 구조로 되어 있다.

쉽게 말해, 연료탱크 측면에 마련된 메탄올 수용액의 통액구부(通液

構部, 애노드 슬리트)에 애노드 확산층이 부착되고, 그 바깥쪽에 MEA, 캐소드 확산층을 일체화한 셀이 장착된다. 캐소드 확산층은 공기 확산에 의한 유입이 충분히 가능한 통기구부(캐소드 슬리트)를 마련한 끝판에 고정되어 있다. 메탄올 수용액은 모세관 수송으로 애노드에, 공기는 확산 현상에 의해 캐소드에 공급된다.

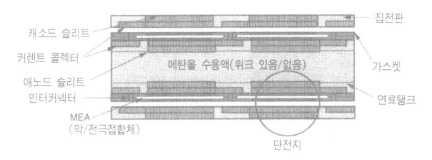

그림 7-2 | 패시브형 전지의 구조

액티브형의 기본적인 셀 구조는 애노드 확산층, MEA, 캐소드 확산층 및 연료와 공기의 수송 구(構)를 가진 바이폴라 플레이트로 이루어진 유닛이고, 셀을 적층함으로써 스택이 구성된다. 또 액티브형의 경우에는 연료계와 산화제계가 장비되어 있다.

연료계는 연료탱크와 애노드실(室)을 결합하는 연료 순환계에 메탄올 수용액을 보급하기 위한 펌프, 탄산가스 분리기로 구성되고, 산화제계는 에어 필터, 에어 블로워, 캐소드실, 공랭 또는 수랭의 생성수 응축기로 구성되어 있다.

금속 세퍼레이터를 사용한
DMFC스택의 걸모습

DMFC용 세퍼레이터

그림 7-3 | 휴대용 소형 DMFC(일본 히타치전선)

패시브형과 액티브형을 비교하면, 전자는 연료와 공기의 배송 동력을 필요로 하지 않기 때문에 시스템 구조가 간단하고 발전 효율이 높아지는 특징이 있다.

이에 비하여 후자인 액티브형은 펌프와 블로어 등에서 보기(補機) 동력이 필요해 발전 효율이 낮아지지만 구성 부품을 적층 구조로 할 수 있으므로 스택은 3차원적으로 소형화되고, 따라서 출력밀도를 높게 할 수 있다.

또 액티브형의 경우 카트리지 등 연료탱크에 축적되는 고농도 메탄올을 시스템 내에서 희석하는 방식을 채용함으로써 시스템의 에너지밀도를 크게 할 수 있다. 이에 비하여 패시브형의 경우는 연료 및 공기의 공급기구 때문에 표면적을 크게 취하지 않을 수 없으므로 평판형 구조가 되고 발전밀도는 작다. 그러나 패시브형은 평판구조이기 때문에 박형(얇은) 구조로 만들 수 있다.

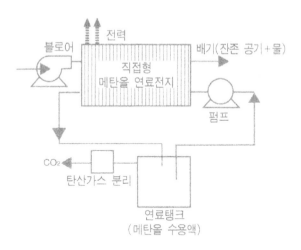

그림 7-4 | 액티브형 시스템의 구성

　휴대전화기용 전원처럼 출력 규모는 작지만 매우 얇고 소형화가 요구되는 경우에는 패시브형이 비교적 유리하지 않나 생각된다. 왜냐하면 액티브형에서는 보기 동력의 비율이 높아지기 때문에 효율이 낮아지고, 특히 박형 구조 스택에서는 부피당 출력이 작아지기 때문이다.

　또 패시브형은 보기에 소리의 영향이 없다는 점에서도 휴대전화용에 적합하다. 이에 비하여 포터블 전원이나 업무용 캠코더 전원처럼 비교적 큰 출력이 요구되는 경우에는 보기 동력으로 인한 손실이 상대적으로 작아지므로 출력밀도가 높은 액티브형이 적합하다. 패시브형은 출력밀도가 낮고 형상에도 제한이 있기 때문에 이와 같은 이용에는 적합하지 않다.

4. 전해질막의 기술적 과제

DMFC에서는 메탄올 수용액을 연료로 사용하는데, 메탄올과 물의 비율은 화학량론적으로는 1:1(메탄올의 농도는 약 64wt%)이다.

그러나 모바일용 DMFC에서의 연료 카트리지 등 주 연료 탱크에서는 메탄올을 높은 농도로 축적해야 에너지 밀도가 높아지고 기기를 작고 가볍게 할 수 있다. 현재 모바일 기기용 전원으로 사용되고 있는 리튬(Li) 이온전지에 비하여 에너지 밀도에서 우위성을 발휘하기 위해서는 메탄올 농도를 30wt% 이상으로 할 필요가 있다고 한다.

위와 같은 이유뿐만 아니라 애노드에서의 전극 반응을 촉진시키기 위해서도 메탄올 농도는 높은 것이 바람직하다. 그러나 메탄올의 농도를 높이면 크로스오버 현상으로 인하여 전해질 속에서 메탄올이 투과하는 양이 커지므로 메탄올의 농도를 너무 높게 할 수는 없다. 액티브형 시스템의 연료 순환계에서는 26wt%의 메탄올을 사용하고, 연료탱크에는 고농도의 메탄올을 탑재하는 방식이 제안되었다.

DMFC의 성능을 높이기 위해서는 메탄올의 크로스오버를 작게 억제할 필요가 있다. 크로스오버가 발생하면 반응하지 않는 메탄올이 캐소드에 도달하고, 캐소드 위에서 외부로부터 공급된 산소가 메탄올 산화 반응을 일으키므로 전극전위가 마이너스 방향으로 이동하여 결과적으로 DMFC의 기전력을 저하한다.

또 연료 이용률이 떨어짐과 동시에 캐소드에서의 산소 농도가 저하하여 캐소드의 전위를 낮추는 효과가 나타난다. 그리고 메탄올의 직접 연소에 따른 발열이 전지의 온도 상승을 초래하게 된다.

발전에 따라 캐소드 쪽에서 발생하는 물의 양적 억제는 모바일용 전원의 경우 커다란 과제인데, 현재로서는 캐소드 쪽에서 발생하는 물의 상당한 부분은 크로스오버로 점유되어 있다.

메탄올의 크로스오버로 인한 캐소드에서의 성능 저하를 회피하는 유효한 수단으로서 전해질막 내에 귀금속 산화 촉매 입자를 분산하고, 막 안에서 메탄올과 확산 산소를 반응시켜 캐소드로 메탄올 확산을 막는 방법 등이 일본 나마나스대학의 와타나베 교수 등에 의해 제안되었다.

그러나 기본적으로는 높은 수소이온 전도성을 유지하면서도 메탄올 투과성이 작은 전해질을 개발하는 것이 DMFC의 성능을 향상하기 위한 가장 유효한 수단이다.

PEEC나 DMFC에서 보통 전해질막으로 사용되고 있는 퍼플루오로형 설폰산막은 소수성의 테플론 골격과 이온 클러스터를 형성하는 곁사슬 부분으로 성립되어 있으며, 수소이온과 물이 매우 움직이기 쉬운 구조로 되어 있다. 이온이 수송되기 위해서는 물의 존재가 불가결한데, 그 이유는 물이 이온을 수송시키는 채널의 부피(이온 클러스터 영역)를 확보하기 위한 구성 물질의 역할을 하기 때문이다.

즉, 친수성 부위가 집합하여 수화수 클러스터를 형성하고, 이 물 클러스터가 채널이 되어 높은 수소이온 전도성을 나타내는 것으로 알려져 있다.

이온을 수송하기 위해서는 이온 클러스터가 차지하는 비율이 높을수록 좋고, 그러기 위해서는 물이 필요하다. 또 이온 수송에서는 용액속에서와 마찬가지로 물 분자의 연쇄(클러스터)가 기여하는 그로투스 매커니즘과 물 분자가 이온과 함께 움직이는 전기 침투 현상이 기능하는 것으로 보이므로, 이를 위해서도 물의 존재는 불가결하다.

그러나 DMFC에서는 물에 용해되는 메탄올이 쉽게 액 속을 이동하는데, 이는 메탄올 크로스오버의 원인이 되고 있다. 물 분자와 메탄올 분자는 크기에 큰 차이가 나지 않기 때문에 선택 투과막을 사용하여 메탄올의 이동을 저지하기 어렵다. 따라서 새로운 분자구조를 가진 막의 설계가 요구되었다.

일본 하타치 제작소는 이와 같은 문제를 해결하기 위해 이온교환기의 도입량을 제어하여 전해질 재료가 큰 물 클러스터(Water cluster)를 형성하지 않는 분자구조를 설계하고, 높은 수소이온 전도성과 낮은 메탄올 크로스오버를 양립시킨 탄화수소계 전해질막을 개발하였다.

이 전해질막은 종래의 전해질막에 비하여 이온 전도성은 거의 동등하지만 메탄올의 투과성은 1/10까지 작아졌다. 이 막에 의해서 약 30wt%의 메탄올 수용액을 직접 이용할 수 있다.

위에서 설명한 바와 같이 전해질의 팽윤으로 메탄올의 크로스오버가 발생하므로 이것을 제어함으로써 DMFC의 출력밀도를 향상시키고, 장치의 소형화를 실현할 수 있다. 전해질막의 팽윤을 제어하는 한 가지 수단으로서 세공(細孔) 파일링 기술이 제안되었다.

이것은 프로톤 전도성을 갖지 않는 다공질막 세공에 전해질을 충전시키는 방법인데, 다공질막의 기재(基材)가 기계적 강도를 유지하고, 충전된 전해질이 프로톤 전도성을 확보하고 있다.

5. 주변 기기의 개발 과제

모바일용 DMFC를 실용화하기 위해서는 메탄올과 물을 효율적으로 애노드에 도입함과 동시에, 반응 생성물인 CO_2와 물을 배출 처리하는 기술 개발도 중요하다.

예를 들면, 연료계에서는 메탄올 수용액 속에서 발전 동작에 따라 CO_2가 배출되는데, 수용액 속에 용해되어 있는 CO_2가 과포화 상태가 되면 거품이 발생한다. 이 경우, DMFC의 연료 이용률을 높이고, 에너지 밀도의 향상을 도모함과 더불어 모바일 기기에서 필수 조건인 전자세(全姿勢) 동작을 보장하기 위해서는 CO_2가스를 선택적으로 연료계로부터 분리 배출하는 것이 요구된다.

이를 위해 기체·액체 분리 기구를 사용하게 되는데, 기체·액체 분리제로는 트레이드오프(trade-off) 관계에 있는 비교적 높은 가스 투과성과 높은 액 투과 차단성이 요구된다. 일반적으로는 다공질 폴리머 표면을 발수성 처리한 재료나 PEFT 다공질재가 사용되지만 메탄올의 농도가 높아질수록 액 투과 차단(barrier)을 유지하기 위해 세공 지름을 작게 할 필요가 있다.

패시브형 DMFC에서는 캐소드에서 발생하는 수분으로 인한 플래딩 현상을 피할 수 있는 설계가 요구된다. 부하의 대폭적인 변동이나 환경 조건에 따라 발생한 물의 일부가 응축할 가능성이 있는데, 그러한 경우에는 신속하게 응축수를 흡수하여 반응 면적을 확보하기 위한 조치가 필요하므로 흡습성 건조제의 도입 등이 요구된다.

DMFC 본체의 기술적 과제에 비하여 주변 기기의 과제는 이제까지는 별로 논의의 대상이 되지 않았지만 마이크로 DMFC를 포함하여 연료전지의 상용화를 달성하기 위해서는 주변 기술이 그 성패의 열쇠를 쥐고 있다 하여도 과언이 아니다. 이러한 기술들은 중소기업을 포함한 폭넓은 기술기반이 있어야 비로소 성립되는 분야다.

6. 개발 동향과 보급을 위한 과제

(1) 개발 동향

연료전지를 휴대 기기에 이용하기 위한 구체적인 아이디어를 최초로 발표한 곳은 미국의 모토로라(Motorola)사와 로스앨러모스 국립연구소였다. 그 이후 미국이 개발의 선두를 달렸으나 유럽과 일본·한국의 일렉트로닉스 메이커에서도 적극적으로 개발을 진행하게 되었다.

2002년 11월, 미국 팜스프링스에서 개최된 연료전지 세미나에서 SRI 인터네셔널(International)의 래리 두보이스(Larry DuBois)는 '포터블 연료전지의 전망'이라는 표제의 강연에서 독일의 Smart Fuel Cell사가 개발한 카메라와 노트북, 혹은 캠핑용의 연료전지가 이미 제품으로 완성 단계에 들어섰다는 사실을 슬라이드로 소개하면서 "이 종류의 마이크로 연료전지가 가장 먼저 시장에 출현하게 될 것"이라고 강조했었다.

그의 전망에 따르면 글로벌한 의미에서의 출하라는 관점에서 2004년까지는 시장에 그 모습을 나타내겠지만 그 이후에는 급격하게 규모가 확대되어 2007년에 이르면 4,000~4,500만 유닛이, 또 2008년에는 2억 유닛이 출현할 것으로 전망했다.

일본에서 마이크로 연료전지의 개발과 그 상용화를 추진하고 있는 기업은 도시바, NEC, 히타치 제작소, 카시오 계산기 등 4사인데, 모두 자사 PC에 사용을 목표로 하고 있다. 또 마이크로 연료전지는 모두 메탄올을 연료로 가상하고 있지만 그 방식은 DMFC와 개질형 PEFC로 나누어진다. 위에 소개한 4사 중에서 카시오만이 마이크로 리액터(개질기)를 가진 개질형 PEFC이고 나머지 3사는 DMFC이다.

메탄올 개질 PEFC는 발전 효율이 높고, 높은 출력밀도를 취할 수 있으므로 연료전지 부분을 작게 만들 수 있다. 안전성도 높고, 출력 조정도 가능하지만 다른 한편 물 처리와 메탄올 개질에 필요한 300℃의 온도를 유지하기 위한 기술이 요구된다.

또 개질기의 가격이 비싸다는 점도 과제로 지적되고 있다. 이에 비하여 DMFC는 앞에서 설명한 바와 같이 특히 저온에서는 발전 효율이 낮으므로 높은 출력밀도가 획득되지 않는 결점이 있다.

일본의 도시바는 카트리지에 저장하는 메탄올의 농도를 높임으로써 시스템의 에너지 밀도를 높게 유지하는 것을 목적으로 발전과정에서 생성된 물을 통해 고농도 메탄올을 희석하는 희석순환방식을 채용했다.

DMFC의 연료극에서는 메탄올과 같은 양의 물이 전극 반응에 관여하고, 또 메탄올의 크로스오버 문제와 전해질막의 내구성이 떨어지는 문제 등이 있어 높은 농도의 메탄올을 연료극에 공급할 수 없기 때문이다.

또 NEC는 자사의 독자적 기술인 카본 나노폰을 전극으로 사용함으로써 전극 촉매의 분산을 높이고, 출력밀도를 증대시키는 방법을 개발했다. 그리고 히타치는 전해질막에 탄화수소계 막을 사용함으로써 종래의 플루오르계 막과 비교하면 고효율화를 실현하고 있다.

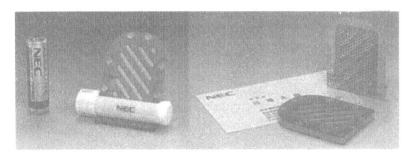

사진 7-1 | 카본 나노튜브를 전극 재료로 사용한 휴대용 DMFC(NEC)

(2) 보급을 위한 과제

DMFC를 휴대용 연료전지로 보급시키기 위해서는 메탄올의 안전성 문제에 대처하지 않으면 안 된다.

메탄올은 독극물 취급법상 극물로 취급되므로 음용하면 실명하고, 최악의 경우에는 죽음에 이르게 된다. 따라서 용기에서 누출되지 않도록 조치해야 한다. 또 실수로 삼키는 사고 등을 피하기 위해 착색 등 안전성을 확보하려는 조치를 할 필요가 있다. 유럽 등지에서는 특히 어린이들이 음용하거나 지하수로 침투하는 문제가 지적되고 있다.

또 메탄올은 휘발성이 강하고 인화점이 12℃로 낮기 때문에 인화성 액체로서 소방법의 규제를 받는다. 따라서 이에 관해서는 수용액인 만큼 보관의 양적인 제한 등을 고려한 새로운 기준의 작성이 요구된다.

DMFC의 경우에는 반응 중간체인 폼알데하이드(CH_2O)가 캐소드에서 미량 검출된다는 지적도 있으므로 이 점을 포함한 안전성과 환경성도 고려할 필요가 있다.

장차 모바일 기기용 연료전지가 보급된다면 메탄올 등의 연료를 손쉽게 입수할 수 있는 사회 환경을 실현

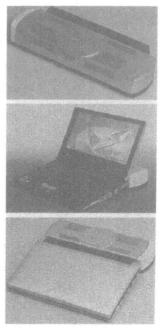

사진 7-2 | 일본 도시바의 PC용 OMFC

할 필요가 있으며, 그러기 위해서는 현재의 규제를 완화함과 동시에 위에서 설명한 바와 같은 안전성에 관한 새로운 규제와 기준 · 표준을 정비할 필요가 있을 것으로 생각된다.

현재 국제적 규제에 따라 항공기에 의한 메탄올 수송과 메탄올 용액의 진입이 금지되는 경우가 있으므로 이와 같은 규제를 완화하기 위해 유엔의 전문위원회에서도 논의할 예정이다.

마이크로 연료전지의 보급을 뒷받침하기 위해서는 안전성 확보와는

모순되지 않는 범위에서 일반 사람들을 대상으로 편리성을 높여줄 호환성의 확보도 중요한 과제이다.

예를 들면 연료를 모바일 기기에 주입하는 커플링부의 형상을 국제적으로 표준화하는 노력 등이 이에 포함된다. 커플링의 형상은 분리가 쉬워야 하고 연료가 질대로 누출되지 않아야 한다.

〈참고문헌〉

1) **梅田, 內田**：マイクロ燃料電池·概說「燃料電池2卷1号」FCDIC, 02年7月

2) **山崎**：直接メタノール形燃料電池の概略「図解燃料電池のすべて」(本間監修), 工業調査会 2003

3) **加茂友一**：直接メタノール燃料電池及び周辺技術の開発課題「燃料電池4卷2号」FCDIC, 04年

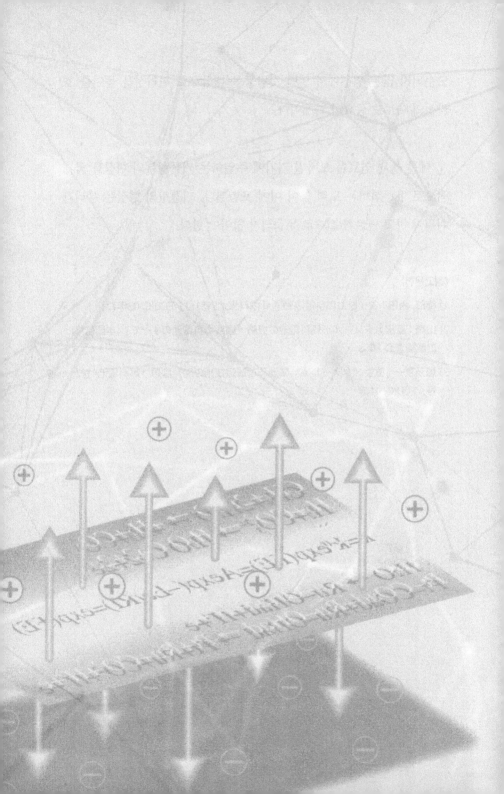

8장

고온형 연료전지

1. 고온형 연료전지의 장점

작동 온도가 600~650℃에서 운전되는 용융 탄산염형 연료전지(MCFC) 및 그보다 더 고온인 800~1,000℃ 수준에서 운전되는 고체 산화물형 연료전지(SOFC) 등은 고온형 연료전지로 분류되고 있다.

고온형 연료전지는 수소뿐만 아니라 CO와 CH_4도 연료로 이용할 수 있는 특징이 있고, 또 연료전지 스택 안에서 개질 반응을 하는 내부 개질과 직접 개질이 가능한 장점도 가지고 있다. 내부 개질은 외부에 개질 장치를 설치할 필요가 없으므로 그만큼 플랜트 구성을 간소화할 수 있다.

여기서 이제까지 논의한 고체 고분자형 연료전지(PEFC)와 비교하여 어떤 점이 다른가를 정리하여 보기로 하겠다.

PEFC는 값이 매우 비싼 귀금속인 백금을 촉매로 사용하여야 하므로 연료전지 자체가 매우 큰 값이 되고, 또 백금 촉매는 CO에 대하여 매우 약하다. 때문에 연료전지에 도입하는 개질가스의 CO 농도는 10ppm 이하로 억제하지 않으면 안 된다. 현재 PEFC에 사용되는 플루오르계 전해질막은 수분을 포함하고 있지 않으면 이온 전도성을 가지지 않으므로 운전 때에 수분 관리를 필요로 하는 등의 몇 가지 첨예한 측면을 가지고 있다.

고온형 연료전지는 이와 같은 첨예한 특성이 없을 뿐만 아니라 앞에서 설명한 바와 같이 고온형에서는 CO를 연료로 사용할 수 있다. 따라서 석탄가스화가스와 같은 CO를 고농도로 포함하는 가스도 연료로 사용할 수 있다.

일반적으로 고온형 연료전지에서는 산화물 이온이 전해질 속에서 캐소드로부터 애노드 방향으로 수송되므로 이용 가능한 연료 범위가 매우 광범위한 것이 특징이다. SOFC에서는 CO뿐만 아니라 CH_4와 같은 탄화수소계 연료를 직접 애노드에서 산화 반응시키는 것이 가능하다.

이와 같은 특성은 연료전지 스택과 독립적 개질 장치가 필요 없으므로 시스템을 간소화할 수 있다. 그러나 애노드에서 반응성 생성물이 배출돼 연료에 섞여 들어감으로써 연료 이용률을 낮추는 등의 문제점도 지적되고 있다.

또 PEFC는 운전 온도가 낮기 때문에 그로부터 배출되는 열 온도가 낮고, 특히 흡열 반응인 수증기 개질 프로세스 등에 배출열을 유효하게 사용하는 것은 불가능하다.

또 코제너레이션에서도 배출 열 온도가 60℃ 정도로 낮으므로 고작 목욕물 정도로만 이용할 수 있다.

이에 비하여 고온형 연료전지의 배출 열 온도는 매우 높기 때문에 개질 프로세스뿐만 아니라 코제너레이션에서는 냉방용 열원으로도 사용할 수 있고, 가스터빈이나 증기터빈 등 다른 열기관에 대한 열원으로 이용할 수 있다.

이와 같은 이유로 고온형 연료전지는 PEFC에 대하여 발전 효율을 높일 수 있고, 가스터빈이나 증기터빈과 결합한 콤바인드 사이클로 하면 60~70%에 이르는 초고효율 발전을 실현할 수 있다.

2. 고온형 연료전지의 어려운 점

고온형 연료전지는 높은 발전 효율과 높은 고온열을 얻을 수 있다는 점에서는 매우 매력적인 발전 방식이라 할 수 있지만 다른 한편에서는 고온이라는 측면에서 당연히 몇 가지 어려운 문제도 존재한다. 예를 들면, 용융 탄산염을 전해질로 사용하는 MCFC에서는 캐소드 전극에서 산화니켈(NiO)이 전해질 속으로 용출함으로 전지 내부에서 단락이, 장수명화를 저해하는 요소로 지적되고 있다.

또 MCFC에서는 세퍼레이터에 금속재료를 사용하고 있는데, 이 세퍼레이터의 부식은 세퍼레이터와 전극 간의 접촉 저항을 증가시킴과 동시에 알칼리 금속 탄산염의 손모(損耗) 원인이 되고 있다.

실용화의 기준이 되는 4만 시간의 내구성을 실현하기 위해서는 이와 같은 과제를 해결할 필요가 있고, 또 고온을 유지하기 위해 배관을 열 절연할 필요가 있다.

SOFC에서는 세라믹스가 금속에 비하여 파손되기 쉬운 결정을 극복하지 않으면 안 된다. 특히 SOFC는 구조재가 모두 고체 세라믹이고, 구조재 안에 액체나 소성(plasticity)을 가진 재료가 없기 때문에 온도 변화 등에 의한 재료의 작은 부피 변화도 세라믹스 내에 응력으로 작용하여 균열을 유도하는 원인이 된다. 또 세라믹스는 가공이 쉽지 않고 가격도 비싸기 때문에 가능하다면 부분적으로나마 금속을 사용하고 싶은 곳이 있지만 1,000℃의 고온에서 사용할 만한 금속이 존재하지 않는다.

MCFC의 온도 범위면 금속을 재료로 사용할 수 있으므로 SOFC에 비하여 재료 면에서 유리하다고 할 수 있다.

따라서 MCFC의 특성을 살려, 더욱 낮은 온도에서 운전할 수 있는 SOFC를 개발하려는 노력이 집중되고 있다. 이것은 '저온형 SOFC'라고 한다.

종류	MCFC	SOFC
전해질의 재료	$LiAlO_2/LiNaO_3$	$ZrO_2(Y_2O_3)$
전하 담체	CO_3^{2-}	O^{2-}
작동 온도	650℃	1,000℃
애노드/촉매	다공질 Ni판	Ni/YSZ써멧
캐소드/촉매	다공질 NiO판	다공질 LSM판

표 8-1 | 고온형 각종 연료전지의 재료

3. 고온형 연료전지의 이용 분야

고온형 연료전지는 동작 온도가 높기 때문에 기본적으로 열기관적인 특성이 있다. 열기관은 일반적으로 스케일 메리트 실현이 가능해 규모를 크게 하면 할수록 성능과 비용 면에서 유리한 경향이 있다. 규모를 크게 함으로써 상대적으로 열 손실을 적게 할 수 있기 때문이다.

따라서 고온형 연료전지는 비교적 대용량 발전 플랜트로 다루어지는 경향이 강하지만 원래 연료전지는 분산형 전원으로 적합한 특성이 있으므로 대용량이라 할지라도 도시의 에너지 센터 등 고작 수만kW급 플랜트가 가장 큰 규모가 될 것으로 생각된다.

고온형 중에서도 SOFC는 그 자체가 고체 디바이스이기 때문에 콤팩트한 구조가 가능하다. 따라서 출력이 수 kW급인 가정용 연료전지나 자동차의 보조 전원, 또 미국 등에서는 군사용의 소형 휴대 전원으로서의 이용도 검토되고 있다.

이런 점에서 볼 때 MCFC에 비하여 이용 범위가 넓다고 할 수 있다. 특히 근년에는 '마이크로가스터빈(MGT)'이라는 출력 100kW 이하의 비교적 소용량도 성능이 매우 우수하므로 수백 kW급의 분산형 전원도 SOFC/MGT 복합 사이클의 실현이 가능하게 되었다.

최근 자원 리사이클 관점에서 폐기물 발전이 관심사가 되고 있다.

이제까지의 폐기물 발전은 폐기물을 소각하여 얻은 열을 사용하여 증기터빈으로 발전하는 방식이 주된 것이었다.

그러나 이 방식에서는 발전 효율이 15~20%로 낮고, 설비를 대규모(폐기물 처리량 1일 300t 이상)로 하지 않으면 경제적으로 타산이 맞지 않는다는 문제가 제기되었다. 그러나 폐기물가스화 탱크나 음식물 쓰레기의 메탄 발효로 메탄가스를 생성하고, 그것으로 MCFC를 운전하면 발전 효율이 30~40%에 이르며, 100t/일의 소규모 발전으로도 경제성을 충분히 만족시킬 것으로 예측된다.

이와 같은 관점에서 일본은 토요타 자동차, 중부전력, 나고야시 등이 폐지나 폐플라스틱, 목질(木質) 등 가연 쓰레기를 대상으로 한 폐기물 가스로 바이오가스화 장치 등과 MCFC를 조합한 시스템 연구 개발을 추진하고 있다.

하루 5t의 생물 쓰레기를 처리하여 생성한 바이오가스로 발전 출력 300㎾의 MCFC 발전 시스템이 2005년에 일본에서 개최된 아이치 박람회에서 운전된 적이 있다. 물론 하루 5t의 쓰레기로는 용량 면에서 300㎾의 출력은 무리이므로 실용단계에서 이 출력 규모에 대응하는 쓰레기 양을 더 늘려야 할 것이다.

4. MCFC의 동작 원리, 기술 과제 및 개발 동향

(1) MCFC의 동작 원리

MCFC란 탄산리튬(Li_2CO_3), 탄산칼륨($2CO_3$), 탄산나트륨(Na_2CO_3) 등의 용융 알칼리 금속 탄산염을 전해질로 사용하는 연료전지이다. 용융염은 이온 전노성이 높고, 전기 화학적으로 안정하며 증기압이 낮은 등, 고온동작 연료전지로서 우수한 특성이 있다.

MCFC 셀에서는 리튬 알루미네이트($LiAlO_2$)의 다공질판에 용융 탄산염을 합침시켜 전해질판을 구성하고 있다. 전해질판 양쪽에는 공기극(캐소드 cat: cathode)과 연료극(애노드 an: anode)이 배치되어 있으며, 캐소드에는 산화니켈계 다공질 전극이, 애노드에는 니켈계 다공질 전극이 사용된다. 두 전극은 스테인레스제 세퍼레이터로 유지되고 있다.

MCFC 셀의 애노드에 도입된 수소가스 성분은 전해질을 캐소드에서 애노드로 통과하여 온음의 전하를 가진 탄산이온(CO_3^{2-})과 결합하여 물, 탄산가스, 전자를 생성한다. 이것을 화학식으로 쓰면

$$\text{애노드}: H_2 + CO_3^{2-} \rightarrow H_2O + CO_2 + 2e \cdots\cdots (8\text{-}1)$$

이 되고, 이 반응으로 방출된 전자는 외부 회로를 통하여 캐소드로 향하며, 외부로 끌어내는 발전 전류를 구성한다.

앞에서 설명한 바와 같이 MCFC에서는 CO도 연료로서 발전에 기

여하지만 CO에 대하여서는

$$애노드 : CO + CO_3^{2-} \rightarrow CO_2 + 2e \cdots\cdots\cdots (8\text{-}2)$$

의 반응이 된다. 모두 CO_2가 나오는 것이 특징이다. 그러나 일산화탄소의 반응은 수소의 반응에 비하여 반응 속도가 느리고, 수소, 일산화탄소, 탄산가스, 수증기가 혼재하고 있는 상태에서는

$$CO + H_2O \rightleftharpoons H_2 + CO_2$$

의 반응이 가역적으로 일어나기 때문에 수소의 반응이 지배적인 것으로 생각되고 있다.

한편 캐소드에서는 외부에서 도입된 공기(산소)가 CO_2 및 전자와 결합하여

$$1/2O_2 + CO_2 + 2e \rightarrow CO_3^{2-} \cdots\cdots\cdots\cdots\cdots (8\text{-}3)$$

에 의해 탄산 이온을 발생한다. 이렇게 하여 애노드와 캐소드의 전극 반응이 연속적으로 진행되면 외부 회로에는 캐소드에서 애노드 방향으로 전류가 흘러 지속적으로 전력을 얻게 된다. MCFC의 경우 적어도 전류 밀도가 $0.3A/cm^2$ 이하이면 다른 어떤 연료전지에 비해서도 높은

전압을 발생하고 있다. 그만큼 전지의 내부 임피던스가 낮은 것을 의미하고 있다.

전극 반응의 식 (1-1), (1-2), (1-3)으로 알 수 있듯이 MCFC에서는 CO_2가 애노드에서 생성되지만 캐소드에서는 CO_2를 도입하지 않으면 안 된다.

나시 말하면, 탄산가스가 음의 전하를 가진 산화물 이온 CO_3^{2-}를 캐소드에서 애노드로 수송하는 전달자로서의 역할을 하고 있는 셈이다. 따라서 전달자로서의 CO_2는 애노드에서 캐소드로 외부 회로를 거쳐 되돌아오게 된다.

이와 같은 특성을 살려 화력발전의 배출가스를 캐소드에 도입하고, 애노드에서 CO_2를 농축 분리한 후에 회수하려고 하는 아이디어가 제안되었다.

(2) 외부 개질형과 내부 개질형 MCFC 시스템

MCFC 시스템은 개질 프로세스를 발전부(셀·스택)에서 독립하여 설치하느냐 또는 발전 반응에 개질 프로세스를 결합하느냐에 따라 외부 개질형 및 내부 개질형(혹은 직접 개질형)으로 나눈다.

외부 개질형 MCFC 시스템에서는 MCFC 스택의 연료극(애노드)에 도입되는 연료가 개질기에 의해서 생성된 수소, CO, CO_2 및 수증기 등을 포함한 개질가스이다. 이에 비하여 내부 개질형은 스택 내부에서 개질 과정이 일어나 스택과는 따로 개질기를 설치할 필요가 없다는 점이 큰 특징이다. 개질 과정에서의 반응 온도가 스택에서의 동작 온도와 비교해 현저하게 높은 경우 개질 및 발전 프로세스를 하나의 컴포넌트로 일체화하기가 어렵기 때문에 PEFC나 PAFC와 같은 저온동작형 연료전지에서는 필연적으로 외부 개질형이 된다.

한편 MCFC나 동작 온도가 높은 고체 산화물형 연료전지(SOFC)와 같은 고온동작형 연료전지에서는 개질과 발전 플랜트를 일체화하는 것이 가능하며, 일반적으로 내부 또는 직접 개질형이 채택되고 있다.

① 외부 개질형 MCFC

수증기 개질 장치에서는 투입된 탄화수소계와 수증기가 700~800℃의 고온에서 개질 반응이 일어나 가스가 생성된다. MCFC의 동작 온도는 650℃로 개질 온도보다 낮기 때문에 개질가스는 원연료와 열 교환하여 온도를 낮춘 후 MCFC 스택의 애노드에 공급된다.

개질기의 개질률은 온도와 압력 및 S/C(수증기량/원연료의 탄소량)에 의존한다. 개질기의 개질률은 운전온도가 높아질수록 상승하고, 운전온도를 높이기 위해서는 그만큼 많은 양의 연료를 필요로 하므로 연료 이용률이 낮아질 경향이 있다.

운전압력이 낮으면 개질률이 높아지지만 다른 한편 배출열에서 동력을 회수하기 위해서는 운전압력이 높은 것이 유리하다. 특히 MCFC와 가스터빈의 하이브리드 사이클을 실현하기 위해서는 운전압력을 높게 할 필요가 있다.

S/C에 대해서는 이 값이 높을 때 개질률이 높아지고, 탄소가 석출할 가능성이 작아지지만 열 수요가 낮고 수증기의 이용률이 작은 경우에는 필요 이상의 동력을 소비하게 된다. MCFC 시스템의 설계에서는 이러한 트레이드오프 관계를 고려할 필요가 있다.

발전 과정에서는 전력과 함께 열을 발생하므로 스택을 냉각할 필요가 있다. 그러나 MCFC에서는 PEFC나 PAFC 등에 비해 동작 온도가 높기 때문에 물에 의한 냉각은 어렵고, 애노드 및 캐소드를 흐르는 가스에 의한 냉각 기법이 채용되고 있다.

애노드에서 배출된 가스는 촉매 연소기에서 캐소드 배기 속에 포함되는 산소에 의해서 연소되고, 여기서 발생한 열은 개질기의 열원으로 이용된다. 연소 촉매가 적용되는 이유는 MCFC의 경우 애노드의 전극 반응에서 CO_2 및 H_2O가 생성되기 때문에 연소가스 농도가 매우 낮아지기 때문이다.

이에 비하여 PEFC나 PAFC처럼 애노드에서 생성된 수소이온이 전해질 속을 애노드에서 캐소드 방향으로 흐르는 발전 반응 과정에서는 반응성 생물은 모두 캐소드에서 발생하므로 애노드 배기가스 속의 연료가 반응성 생물에 의해 희석되는 일은 없다. 따라서 애노드 배기가스는 연소를 위해 직접 버너에 공급된다. 개질 반응 생성물이 애노드에서 발생하는 것은 MCFC 뿐만 아니라 SOFC를 포함한 고온형 연료전지의 큰 특징이다. 애노드에서 발생한 CO_2는 수증기 개질기를 거쳐 캐소드에 공급된다.

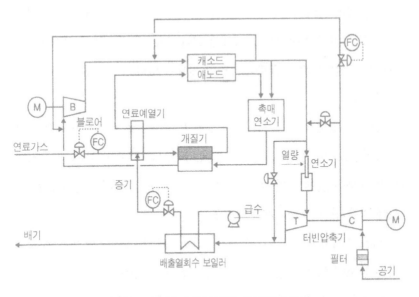

그림 8-1 | 외부 개질형 MCFC 시스템의 흐름도

[그림 8-1]은 외부 개질형 MCFC 시스템의 흐름도이다. 공기는 터빈 압축기를 거쳐 캐소드에 공급된다. 터빈 압축기는 캐소드 배기가스에 의해 구동되는데, 이것은 교류 발전기와도 직결되어 있다. 회전수 일정 운전에서는 공기 유량의 변동 가능 범위가 매우 좁지만 발전 부하가 떨어져 잉여 공기가 발생하는 경우에는 그 공기를 연소기에 바이패스함으로써 조정폭을 확보한다. 터빈에서의 배기가스는 배출열 회수 보일러에 도입되고 여기서 개질용의 수증기가 생성된다.

② 내부 개질형 MCFC

내부 개질형에서는 먼저 탈황된 연료가스가 연료 가습기에 도입된다. 연료가스에는 물 처리 장치에 의해서 이온분을 제거한 순수한 물이 첨가되어 캐소드의 배기가스에 의해 가열된 수증기와 연료가스의 혼합 기체가 된다.

수증기를 포함한 연료가스는 프리 컨버터에 도입된다. 프리 컨버터에는 개질 촉매가 충전되어 있으므로 중질 성분이 일부 개질되지만 운전온도는 낮기 때문에 개질 반응 속도가 낮고, 따라서 대부분의 연료가스 성분은 MCFC 스택의 애노드에 공급된다.

스택 안에는 셀의 몇 단마다 평판상의 개질기가 배치되어 있고, 개질기 내부에는 촉매가 충전되어 있다. 그러나 개질을 위한 열원은 스택에서 발전 반응함에 따라 배출되는 650℃ 정도의 열 때문에 외부 개질형의 700~800℃에 비하면 저온이지만 이 부분에서 개질률을 높이는 것은 어렵다. 이 개질 과정을 '간접 내부 개질'이라고 한다.

간접 내부 개질 과정에서 부분적으로 개질된 연료가스는 애노드에 공급되지만 애노드의 가스 통로에도 촉매가 배치되어 있으며, 여기서는 개질 반응과 발전 반응이 동시 병행적으로 진행된다. 이 부분의 개질 과정을 직접 내부 개질이라고 한다. 여기서는 흡열 반응인 개질 반응

$$CH_4 + H_2O \rightarrow CO + 3H_2$$

와 발열 반응인 애노드에서의 전극 반응

$$H_2 + CO_3^{2-} \rightarrow H_2O + CO_2 + 2e$$

는 가열의 수수(授受)를 따라 동시에 진행한다. 또 개질 반응으로 생성된 수소는 발전 반응에 의해 소비되고, 발전 반응에서 생성된 수증기는 수증기 개질 반응에 의해 소비되므로 서로 보완적인 관계를 맺고 반응은 원활하게 진행된다. 이와 같은 효과로 인하여 온도가 비교적 낮음에도 불구하고 개질률은 매우 큰 값을 유지할 수 있다.

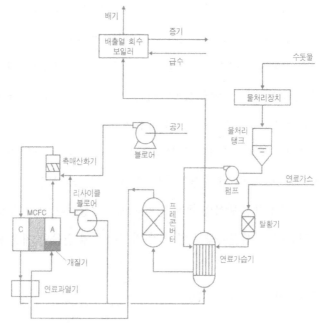

그림 8-2 | 내부 개질형 MCFC 발전 시스템의 흐름도

여기서 개질 과정을 간접 개질과 직접 개질로 나눈 이유는, 첫째로 애노드 입구에서 수소와 CO 농도가 극히 낮으면 발전 반응이 일어나지 않으므로 탄소의 석출을 일으킴과 동시에 발전 반응이 균일하지 못하게 되어 셀·스택의 온도 분포에 영향을 주고 이것이 셀의 열화를 조장할 가능성이 있기 때문이다. 두 번째로 애노드의 가스 통로에 설치된 개질 촉매는 전해질에 의해 열화되기 쉬우므로 개질 반응을 모두 직접 개질에 의존하면 그것이 스택의 수명에 부정적 영향을 미치는 점 등을 들 수 있다. 이와 같은 이유로 간접 내부 개질에서의 개질가스의 비율은 직접 내부 개질의 그것에 비해 큰 값으로 설정되어 있다.

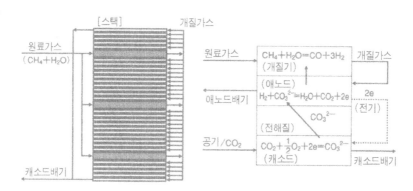

그림 8-3 | 내부 개질 MCFC 스택의 구성

예를 들면, 투입된 4mol의 CH_4 중에서 3/4에 상당하는 3mol의 CH_4가 간접 개질에서 CO와 H_2로 변환되고 나머지 1mol의 CH_4가 직접 개질되었다 가정하고 가스의 전 반응 과정을 추적해 보자. 우선 제1단계에서

의 간접 개질 반응은

$$4CH_4 + 8H_2O \rightarrow CH_4 + 3CO + 9H_2 + 5H_2O$$

이고 제2단계의 애노드에서의 개질 및 발전 반응은

$$CH_4 + 3CO + 9H_2 + 5H_2O \rightarrow 4CO + 12H_2 + 4H_2O$$
$$12H_2 + 12CO_3^{2-} \rightarrow 12H_2O + 12CO_2 + 24e$$

이 된다. 따라서 애노드에서 배출된 가스 성분은

$$4CO + 16H_2O + 12CO_2$$

이고, 이것은 촉매 연소기에 도입된다. 제3단계의 촉매 연소기에서는 외부에서 $14mol$의 O_2가 공기에 의해 투입되어 $4mol$의 CO가 $2mol$의 산소에 의해 산화되어 CO_2가 된다. 결국 캐소드에 도입되는 가스의 성분은 공기 중에 포함되는 N_2를 무시하면

$$12O_2 + 16CO_2 + 16H_2$$

가 될 것이다. 캐소드에 투입된 $16mol$의 CO_2 중에서 $12mol$이 가스 속에

포함되는 O_2와 외부 회로에서 가세된 전자에 의해 환원되어 12㏖의 CO_3^{2-} 전해질 속으로 방출하는 식([식 8-3]), 즉

$$16H_2 + 12O_2 + 16H_2O + 24e$$
$$\rightarrow 12CO_3^{2-} + 4CO_2 + 6O_2 + 16H_2O$$

이고, 캐소드에서의 배기가스는 연료 가습기에 도입된다. 이렇게 MCFC 시스템에서의 개질 및 전극 반응은 완결된다.

(3) 용융 탄산염형 연료전지(MCFC)의 개발 동향

일본에서 MCFC의 본격적인 국가적 연구 개발은 1981년 당시의 통산성 공업기술원의 문라이트 계획(Moonlight Project)에 의해 출발하였다. 그 후에 1988년 MW급 MCFC 시스템의 개발을 본격화하기 위해 MCFC 연구조합이 설립되고, 1993년부터는 뉴 선샤인 계획(New Sunshine Project) 아래 제2기 연구 개발이 시작되었다.

그리고 신에너지 · 산업기술종합개발기구(NEDO) 사업으로 MCFC 연구조합이 중부전력 가와코시 발전소에 1㎿급 플랜트를 건설했고, 1999년 11월에는 1,000㎾의 발전 운전에 성공하였다. 이것은 출력 250만 ㎾의 MCFC 스택 4기로 구성되어 있는데, 이것들은 히타치 제작소 및 이시카와지마 하리마 중공업(IHI)에 의해 개발된 것이다. 운전을 정지한 2000년 1월 말까지 총 운전 시간은 약 5,000시간을 달성

하였고, 발전단효율 45%(HHV) 실현에 성공하였다. 다른 한편, 같은 NEDO 사업으로 MCFC 연구조합에 의해 내부 개질형 출력 2,000kW의 MCFC가 미쓰비시 전기(Mitsubishi Electric)에 의해 개발되었다.

이것은 간사이 전력(Kansai Electric Power Company) 니사키 발전소에 설치되었으며, 이것도 5,000시간 이상의 실증 운전에 성공하였다.

발전사업용으로 주목되고 있는 이 MCFC는 20세기가 끝날 무렵 미국뿐만 아니라 유럽, 일본 등에서도 1,000kW급 플랜트의 실증 실험이 실시되었다. 미국에서는 1996~1997년에 걸쳐 Fuel Cell Energy(FCE) 사에 의해서 전기 출력 2MW의 내부 개질형 MCFC 플랜트의 필드 테스트가 실시되었다.

이 회사는 지난 30년간에 걸쳐 연구 개발에 4억 불의 자금을 투자하여 고효율의 분산형 전원으로서의 연료전지 개발에 노력을 쌓은 결과 MCFC(Direct Fuel Cell)의 상업화에 성공을 거두어 전 세계 리더로서의 자리를 구축하기에 이르렀다.

현재 연간 50MW(장래 계획은 400MW) 용량의 생산 플랜트가 완성되었으며, 출력 250kW(375KVA)의 DFC 300A는 상용기로 2003년 말 현재 합계 약 30대가 미국, 유럽, 일본에 출하되었다. 일본에서는 이 상압 운전의 250kW MCFC 플랜트가 마루베니에 의해서 합계 5기가 수입되어 동사에 의해 운전되고 있다.

그 제1호는 기린 맥주 도리데 공장에 설치되었다. 맥주 양조 공정에서 발생하는 메탄가스를 마루베니가 무료로 공급받아 그것을 연료로 마루베니에 의한 코제너레이터 운전을 하고, 발생하는 전력과 열은 시장가격으로 동 공장에 공급되고 있다. 이 MCFC는 보통 45%, 최고 47%의 발전 효율을 실현하여 신뢰성이 매우 높은 것으로 평가받고 있다.

최근 보고에 의하면, 2005년까지의 전 세계 가동실적 및 납품 예정 대수는 출력 250kW기, 1MW기, 2MW기를 합하여 56대에 이르고 있으며, 나라별로 보면 대부분이 미국이고, 이어서 일본이 9대, 독일이 8대, 한국 3대, 스페인 1대다.

FCE사의 CEO인 제리 레이트먼(Jerry Leitman)은 2004년 미국의 샌안토니오에서 개최된 '연료전지 세미나(Fuel Cell Seminar)'의 초청 강연에서 장래 계획을 언급한 바 있다. 그에 따르면 MCFC는 천연가스를 연료로 하는 출력 1,000kW의 DFC 1,500kW, 이어서 출력 2,000kW의 DFC 3,000kW기 생산을 준비하고 있고, 또 고체 산화물형 연료전지(SOFC)는 DOE/SECA 프로젝트에 참가하여 연구 개발하고 있다고 한다.

SOFC는 '베르사 파워 시스템(Versa Power System)'과 공동으로 출력 3kW 평판형 모듈기술 개발에 초점을 두면서, 그와 동시에 10kW 시스템 개발을 지향하고 있다. 이 회사의 CEO는 "계통전력에 대하여 경쟁력을 가질 수 있는 고효율이면서 낮은 가격(10c/kWh 이하)의 연료전지를 실용화하는 것이 당면한 목표이고, 최종적으로는 75%에 이르는 초고효율

발전 시스템을 실현하는 것도 불가능하지는 않다."라고 진술하고 있다.

한편, 일본에서는 2000년에 보다 고성능이면서 콤팩트한 플랜트의 개발을 위하여 국가 프로젝트의 제3기 연구 개발 계획이 시작되었다. 제3기 계획의 목표는 가스터빈 등의 개발을 염두에 둔, 고압으로 동작하는 MCFC 모듈 개발이다. 소형 전원으로서 조기 시장 진입을 목표로 하는 동시에, 중·대규모 전원의 실용화를 목적으로 가스터빈과의 콤바인드 사이클 시스템을 목표로 한 연구 개발이다. 이와 같은 고성능 시스템을 검증하기 위해 출력 300㎾급의 가압형(동작 압력 0.4㎫)이 IHI에 의해 설계·제작되어 2002년 2월부터 가와코시 MCFC 발전시험소 안에 설치돼 조정 시험이 실시되었다.

토요타 자동차는 MCFC와 마이크로 가스터빈을 조합한 콤바인드 사이클을 모토마치 환경센터에 설치하고 2002년 10월부터 실증 실험을 시작하였다. MCFC의 전기 출력은 330㎾, 연료전기의 배기가스에 의해 구동하는 가스터빈의 발전 출력은 40㎾, 또 터빈에서 나오는 460℃의 배출열을 보일러로 회수한 다음 증기와 온수로 이용하게 되어 있다.

〈참고문헌〉
1) **太田, 光島, 松沢**：溶融炭酸塩形燃料電池(MCFC) 入門, 「燃料電池」 2巻2号(2002)
2) **本間監修・上松著**：燃料電池発電システムと熱計算, オーム社 (2004)

9장

SOFC의 기술 과제와 개발 동향

1. SOFC의 특징

SOFC(Solid Oxide Fuel Cell)는 산소 이온(정식 명칭은 '산화물 이온') 전도성이 있는 고체 산화물(세라믹스)을 전해질로 사용하는 연료전지이며, 동작 온도가 다른 연료전지에 비하여 매우 높은 것이 큰 특징이다.

또 하나의 큰 특징은 SOFC에서는 프로톤과 같은 연료 관련 이온이 아니라 산화제 관련 이온이 수송된다는 사실이다. 연료극에서 생성되는 반응 생성물이 연료에 섞여 들어가면 연료 이용률에 제한이 가해진다.

그러나 산화제가 전해질을 통하여 연료극에 공급되므로 다양한 연료를 사용할 수 있다. 세 번째로 특기할 점은 전해질을 포함한 모든 컴포넌트가 고체라는 구조상의 특징이다.

전해질이 고체라는 것은 액체일 때와 달리 양극 간의 비교적 큰 압력차에 견딜 수 있음을 의미한다. 또 전해질, 애노드 및 캐소드의 셀 컴포넌트가 모두 고온에서 안정된 고체(산화물)로 구성되어 있으며 액체나 친수성 클러스터 영역을 갖는 이온교환막이 존재하지 않는다는 사실은 전극에서 기체상·액체상·고체상에 의한 삼상계면(triple phase boundary)을 형성할 필요가 없으며, 전해질의 증발이나 이동에 관련되는 문제, 즉 여기에 응축된 물이 다공질 전극이나 가스가 흐르는 길을 폐색할 염려가 없다는 것을 뜻한다.

그러나 전극으로 다공질 재료가 사용되므로 전기적 접속을 개선시키려면 계면에서의 접촉이 중요하다. 연료와 공기의 흐름을 보장하려면 공극률의 조정도 중요하다. 셀 컴포넌트가 모두 고체라는 사실은 또 하나의 장점이다. 자립적인 지지구조가 가능하기 때문이다.

SOFC에는 몇 가지 종류의 셀이 제안되었으며, 셀을 지지하기 위한 여분의 구조를 필요로 하지 않기 때문에 출력밀도를 높게 유지할 수 있다. 또 동작이 중력의 영향을 직접 받지 않기 때문에 정치식 이외에 포터블 등 이용 범위를 확대할 수 있다.

이트리아(yttria) 안정화 지르코니아(YSZ)를 전해질 재료로 사용하는 SOFC는 이온 전도성이 고온에서 높기 때문에 동작 온도는 1,000℃로 설정되어 있다. 이 동작 온도에서는 인터커넥터 등 다른 컴포넌트에 이용할 수 있는 재료의 종류가 제한되기 때문에 비용 절감이라는 관점에서 최근에는 700~800℃의 비교적 저온에서 동작이 가능한 SOFC 연구가 진행되고 있다. 동작 온도를 떨어뜨리면 재료의 열화(劣化) 속도를 늦출 수 있으므로 긴 수명을 실현할 수 있다. 그러나 SOFC는 고온 동작인 관계로 많은 장점이 있다.

- **발전 효율이 매우 높다.**

열역학적 계산으로 구할 수 있는 이상(理想) 효율은 DEFC 등 저온형 연료전지에 비하여 높지는 않지만 전극에서 발생하는 활성화 분극에 바탕을 둔 과전압이 낮아 비가역적 손실이 적으므로 발전 효율은 높아진다. 현재 교세라가 개발한 출력용량 1㎾의 SOFC 시스템조차도 그 발전단(發電端) 발전 효율은 54%를 달성하고 있다.

● 수소뿐만 아니라 CO도 연료로 사용할 수 있다.

PEFC나 PAFC와 같은 저온형 연료전지에서는 수소가 연료이지만 MCFC와 SOFC와 같은 고온형 연료전지에서는 수소뿐만 아니라 CO도 연료로 이용할 수 있다. 따라서 CO를 고농도로 함유한 석탄가스도 연료로 이용 가능하므로 석탄가스화 발전에 적합한 연료전지라고 할 수 있다.

게다가 SOFC의 발전 반응에 따른 배열 온도는 매우 높기 때문에 이 열을 석탄가스화 과정에 이용하면 고효율 석탄 화력발전소의 실현이 가능하다.

또 고온형 연료전지에서는 셀 안에 개질 반응 과정이 포함될 수 있으므로 독립된 개질 장치를 필요로 하지 않는다는 점도 장점이 된다. 특히 SOFC에서는 메탄(CO_4), 프로판(C_3H_3) 뷰테인(C_3H_{10}) 등 탄화수소계 연료를 충분한 수증기와 함께 스택에 직접 투입함으로써 발전할 수 있다.

이처럼 스택이 개질 기능을 발휘하는 특성을 이용하여 SOFC를 수소 제조장치로 이용하고자 하는 시도가 제안되었다. 이른바 '트리제너레이션' 구상이다.

SOFC를 재생형 연료전지로 이용하는 것도 가능하다. 고온에서 물이나 수증기의 전기분해 효율과 전극 반응 속도에서의 성능이 저온에서의 그것에 비하여 우수하기 때문이다.

따라서 발전과 전기분해 두 기능을 SOFC에 부여하고자 하는 구상이 시도되고 있다. 재생형 연료전지는 전력 저장기능을 가능하게 하므로 재생 가능 에너지 이용과 전력 부하의 평준화에 유효하다.

- **발전에 부수하여 배출되는 열의 온도가 매우 높기 때문에 열의 이용가치가 극히 높다.**

이 열은 연료의 개질에 이용될 뿐만 아니라 열병합 발전에서는 산업용이나 냉방용 에너지원으로 사용할 수 있다. 그리고 배출열을 가스터빈 등 열기관의 열원으로 이용하여 콤바인드 사이클을 구성한다면 70%에 이르는 초고효율 발전을 실현할 수 있는 가능성을 갖고 있다.

2003년 2월, 미국 DOE(Department of Energy: 에너지부)는 앞으로 10년간 10억 불의 투자를 전제로 한 Future Gen(the Integrated Sequestration and Hydrogen Research Initiative)이라는 새로운 프로젝트를 발표하였다.

이것은 석탄을 연료로 하면서도 CO_2를 전혀 배출하지 않는 청정한 고효율 발전 시스템을 개발하려는 의욕적인 개발 계획인데, 그 계획의 내용은 "석탄의 가스화 과정과 SOFC-GT 콤바인드 사이클, CO_2의 격리와 저장 플랜트를 조합하여 출력 275MW의 전력 및 수소를 저렴한 비용으로 생산하는 플랜트 설계와 건설"로 설명되고 있다.

- **전극에서의 반응 속도가 높기 때문에 전극 촉매로서 값비싼 귀금속을 필요로 하지 않는다.**

MCFC를 포함한 고온형 연료전지의 경우 애노드의 촉매로서 니켈이 사용되고 있다. PEFC와 PAFC 등의 저온형 연료전지에서는 백금과 같은 고가의 귀금속이 촉매로 사용되고 있다. 특히 동작 온도가 80℃인 PEFC에서는 백금이 CO에 의해 그 활성이 저하되므로 이를 방지하기 위해 백금·루테늄 합금이 사용되고 있지만, 그래도 촉매의 피독(被毒)을 완전하게 억제할 수 없기 때문에 개질가스의 CO 농도를 10ppm까지 억제하는 것을 필요조건으로 들고 있다.

이에 비하여 SOFC에서는 CO에 의한 촉매 피독이 없으므로 앞에 설명한 바와 같이 CO를 연료로 이용 가능하며, 탄화수소계 연료의 이용가치를 높이고 그 범위를 넓힐 수 있다.

또 니켈 촉매는 특히 고온에서 황에 대하여 내성이 강하고, 이 특성은 탈황에 대한 성능 요구를 경감하는 데 기여한다.

SOFC가 가지고 있는 이와 같은 많은 장점 때문에 SOFC에 대한 기대가 크고, 이것이 실용화된다면 정치식 연료전지로서 주류를 차지할 수 있는 것으로 생각된다.

현재 가정용을 목적으로 개발과 사업화가 추진되고 있는 PEFC 열병합 발전 시스템은 발전 효율이 35%(HHV)로 낮고, 또 이용 가능한 배출열 온도도 낮기 때문에 에너지 유효 이용과 CO_2 배출 삭감 양면에서 최신예 화력발전 플랜트와 열펌프 조합보다 우위에 서는 것은 어려울 것으로 생각된다.

그러나 동작 온도가 높다는 운전 조건은 역으로 많은 기술적 어려움을 제기하므로 실용화를 위해서는 극복하여야 할 많은 과제들이 가로 놓여 있다. 먼저 재료적으로는 내열성이 요구되고 운전 조건 면에서는 시동 시간이 길고 시동·정지가 어려운 점 등을 들 수 있다.

SOFC의 경우 전체가 내열성이 강한 세라믹으로 구성되는데, 이는 구조상 어려운 문제를 제기하는 원인이기도 하다. 셀 내부에 액체나 소성(plasticity) 등의 완충 부분을 가지지 않기 때문에 재료의 체적이 조금만 변해도 응력으로 작용하고 이는 재료의 변형을 발생시킨다.

특히 서로 열팽창률이 다른 재료를 조합하는 경우 온도 변화나 시동·정지 등으로 인한 분위기 변화가 재료에 열응력을 발생시키므로 이와 같은 문제가 구조 측면에서 현저하게 나타난다. 국한된 재료 중에서 이와 같은 문제를 극복할 수 있는 구조를 낮은 값으로 실현할 수 있느냐가 SOFC 실용화의 열쇠라 할 수 있다.

2. SOFC 개발의 역사

(1) SWPC의 실적

SOFC의 역사는 길다. 세계 최초의 SOFC는 1937년에 취리히 공과 대학의 바우어와 프레이스에 의해 시험 제작되었다. 그들은 용융 탄산 염보다 다루기 쉬운 전해질을 구하여 1899년에 발터 네른스트(Walther Nernst)가 발견한 고체 산화물을 사용한 SOFC를 개발하였다.

이 고체 산화물 중 하나가 마그네시아 또는 이트리아로 안정화한 지르코니아이고, 1960년대에 웨스팅하우스 전기공사(Westinghouse Electric Corporation)에서 바이스바트(Weissbart)와 루카(Ruka)가 만든 SOFC에 사용된 전해질과 같은 것이다. 바우어와 프레이스의 SOFC는 1,000℃의 동작 온도에서 1mA/㎠의 발전 전류밀도를 기록한 데 지나지 않았으나 SOFC의 동작을 확인한 점에서는 그 의미가 크다.

실용 규모의 SOFC가 출현한 것은 1960년에 들어와서이고, 피츠 버그에 있는 웨스팅하우스 연구개발센터(Westinghouse Research and Development Center)와 독일의 브라운보베리앤시(Brown-Boveri & Cie A G)에 의해 개발이 계속되었다.

웨스팅하우스의 바이스바트와 루카가 1962년에 시험 제작한 SOFC는 가마 속에 수직으로 놓은 알루미늄관 내부에 한쪽 끝을 막은 시험관 튜브를 삽입하고, 그 바닥에 면적이 2.5㎠, 두께 15㎝의 셀을 설치한 구조이고, 전해질로는 85%ZrO_2-15%CaO의 고체 산화물이,

전극은 막대 백금이 사용되었다.

그리고 순수 산소가 캐소드의 표면을 수소나 메탄에 물을 혼합한 연료가 애노드 표면을 흐르도록 세라믹으로 가린 별도의 통로가 설정되었다. 실험에서는 810~1,100℃ 범위에서 전압-전류 특성이 측정되었는데, 기록에 의하면 3mol%의 수분을 첨가한 수소가스를 연료로 사용한 경우에는 0.7V의 전압에서, 810℃의 경우 10mA/㎠, 1094℃에서 76mA/㎠의 전류 밀도가 획득되었다.

현재 SOFC의 전해질로서 가장 일반적으로 사용되고 있는 재료는 안정화 지르코니아(ZrO_2)이고, 안정화제로서는 이트리아(Y_2O_3)나 스칸디아(scandia)가 사용되고 있다. 현재 가동되고 있는 고온 동작 SOFC의 기본적인 컴포넌트는 웨스팅하우스 전기공사가 Office of Coal Center의 프로젝트에서 달성한 개발 성과에서 찾을 수 있다.

이 개발 프로그램은 1972년에 완료되었다. 이 회사의 SOFC 기술은 1998년에 설립된 지멘스 웨스팅하우스(Siemens Westinghouse Power Corporation, SWPC)가 이어받았다.

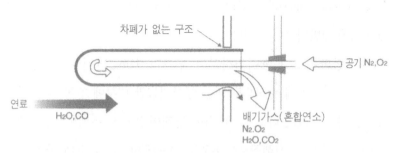

그림 9-1 | 웨스팅하우스의 원통 세로무늬형 셀 차폐가 없는 구조

그리고 현재까지 동사의 SOFC는 70,000시간의 운전 실적을 보유하고 있다. 다른 한편, 미국 정부에 의한 개발 노력은 새로운 전개를 맞이하게 되었다.

(2) 미국 정부의 대처

1973~1974년 사이에 발생한 석유 위기로 미국 정부는 석탄을 가장 효율적으로 이용하기 위한 하나의 수단으로 연료전지에 착안하였다.

대체 에너지 변환기술에 관한 검토는 SOFC가 다른 모든 연료전지 중에서 잠재적으로 가장 싼 값으로 전력을 발생할 가능성을 내포하고 있음을 시사함으로써 1976년에 현재의 DOE의 전신인 ERDE는 SOFC 개발 계획을 지원하기로 하였다.

개발 계획의 목표는 박막 전해질을 갖춘 다수의 셀을 직렬로 접속하고 이를 일체화한 스택의 실용 가능성을 실증함으로써 성능 및 내구성을 확립하는 것이었다. 그리고 당시의 웨스팅하우스 전기공사 국립연구소나 기초 연구 기관과 동등하게 SOFC 셀 기술 개발에 관한 계약을 체결하였다.

Westinghouse-DOE의 개발 계획은 다음과 같은 4단계로 구성되었다.

단계 1 (1976~1978) : 박형 셀의 실현 가능성을 실증함과 동시에 인터커넥터재의 내구성을 향상시킨다.

단계 2 (1978~1980) : 동작 온도 1,000℃, 전류밀도 400A/㎠, 인터커넥터에서의 전압강하가 10% 이하인 운전·성능 조건에서 실험실 규모의 스택으로 1,000시간의 내구성을 실증한다. 이를 기초로 30W-20셀의 스택을 설계·제작하여 실험한다.

단계 3 (1981~1989) : 1, 10, 1,000㎾ 모듈의 설계·제작과 운전을 실험하여 1만 시간의 내구성을 실증한다.

단계 4 (1990~2000) : 출력 5㎿의 석탄가스화-SOFC 발전 플랜트의 설계와 제작 및 실증 운전

그러나 그 후 DOE의 예산 삭감 등으로 당초의 개발목표가 뒤로 미루어지고 기반기술과 새로운 콘셉트의 연구개발로 옮기게 되었지만 웨스팅하우스사가 박막 셀 개발에 성공함으로써 새로운 개발 프로젝트 발족에 기대가 모였다.

SWPC의 SOFC 시스템에 대해서는 100㎾ 코제너레이션 플랜트(CHP100)가 네덜란드와 독일에서 실증 실험이 실시되어 발전 효율 46%(LHV)를 기록하였다. 발전부에는 1,152개의 원통형 셀이 다발지어져 있으며, 발전부를 나온 배기가스는 열교환기에 의해 공기를 예열한 후 배출열 회수기에서 85~120℃의 온수로 회수된다.

또 2000년에 운전된 발전 출력 220㎾의 가압형 SOFC/GT 복합 사

이클에서는 52%의 종합 발전 효율이 획득되었다. SOFC의 DC 출력은 187㎾, AC 전단(電端) 출력은 176㎾, 셀 전류 267A, 셀 전압 0.61V, 가스터빈 AC 출력은 47㎾였다. 최근 SWPC 이외에도 많은 기업이 개발에 참여하고 있지만 그에 대한 설명은 개발 동향을 설명할 때 다시 다루기로 하겠다.

(3) 일본의 대처

일본에서는 1966년에 이와하라 히로야스(현 나고야대학 명예교수)에 의해서 세리아(세륨 산화물)를 모체로 산화란타륨을 첨가한 고용체(固溶體)를 전해질로 하는 SOFC에 관한 논문이 제출되었다.

또 1974년에는 전자기술종합연구소에서 SOFC의 기초 연구가 진행되었고, 1981년에 당시의 공업기술원에 의한 문라이트 계획이 발족하여 각종 연료전지에 관한 연구가 그 계획 아래 조직되었다.

또 도쿄가스와 오사카가스는 80년대 후반에 웨스팅하우스사의 3㎾ 모듈을 도입하여 장기간에 걸친 실증 실험을 하였다. 그 후 일본에서는 습식법에 따른 낮은 비용 실현, 콤팩트화가 기대되는 평판형 및 저온동작의 SOFC 실용화를 목표로 연구개발이 추진되고 있다. 이에 관해서는 뒤에서 상술하겠다.

3. SOFC의 동작 원리

SOFC는 기본적으로 수소 및 CO의 산화 반응으로 발전하는 디바이스이고, 연료극(애노드) 및 공기극(캐소드)에서는 다음과 같은 전극 반응이 진행된다. 먼저 연료가 수소인 경우는

애노드 : $H_2 + O^{2-} \rightarrow H_2O + 2e$ ················· (9-1)

캐소드 : $1/2O_2(cat) + 2e \rightarrow O^{2-}$ ················· (9-2)

이고, CO의 산화 반응인 경우는 애노드에서의 전극 반응은

애노드 : $CO + O^{2-} \rightarrow CO_2 + 2e$ ················· (9-3)

에 의해서 바꿔놓을 수 있다. 즉, 캐소드에서 발생한 산소이온이 전해질 속을 애노드 방향으로 이동하고, 동시에 전자는 외부 회로를 거쳐 캐소드에 도달, 캐소드에서는 수소 또는 CO가 이들 산소이온과 결합하여 전자 및 물 또는 CO_2를 생성한다. PEFC나 PAFC와 같이 수소이온이 전해질 속을 이동하는 경우에 비하여 SOFC에서는 반응 생성물이 연료극에서 발생한다는 점이 특징이다. 애노드에서의 전극 반응에는 니켈이 촉매로 사용된다.

애노드에서는 산소의 분압이 매우 낮으므로 농도 평형 조건에 따라

애노드 : $H_2O \to H_2 + 1/2O_2\text{(an)}$ ················ (9-4)

이 성립되고, 식 (9-1), (9-2), (9-4)를 조합하면 셀의 전반응은

$$1/2O_2\text{(cat)} \to 1/2O_2\text{(an)} ·························· (9-5)$$

으로 나타낼 수 있다. 즉, SOFC 셀의 전극 반응을 촉진하는 구동력은 캐소드와 애노드의 산소분압 차이고, 따라서 전극 간의 가역 기전력 E cell은

$$E \text{ cell} = RT/4F \cdot (\ln(pO_2)\text{cat}/(pO_2)\text{an})$$

으로 구할 수 있다. 이것은 전극 반응에 관여하는 산소의 농도 차로 인한 깁스 에너지 차에 대응하여 발생하는 전위차이므로 농담(濃淡) 전지로 간주할 수 있다. 애노드에서의 산소 분압을 $1.6 \times 10{-}19\text{atm}$으로 하고, 캐소드에서의 그것을 1atm이라 가정하면, E cell의 값은 1.14V가 된다.

SOFC에서는 탄화수소계 연료가 연료극에서 다음과 같은 양극 반응이 진행된다. 연료가 메탄(CH_4)인 경우 애노드에서의 반응은

$$CH_4 + 4O^{2-} \to CO_2 + 2H_2O + 8e ·············· (9-6)$$

이다. 600℃의 작동 온도에서는 연료극 위에 카본 석출이 일어나지 않고 장시간에 걸쳐 방전할 수 있음을 알게 되었지만 수소를 연료로 사용한 경우에 비하여 반응 속도가 늦고 출력밀도가 작다는 사실이 관측되었다.

산업기술종합연구소에서는 그 원인이 전극 반응으로 생성된 다양한 수증기와 CO_2가 CH_2의 전극 내 확산을 저해하기 때문이라 생각하여 연료극에 루테늄을 분산시킴으로써 수증기와 CH_2에 의한 메탄의 개질 반응을 촉진시키는 방법을 고안하였다.

이렇게 하여 수증기와 CO_2가 전극 세공(細孔) 안에서 효과적으로 제거된 결과 전류밀도를 증가시키는 데 성공하였다. 이 현상은 메탄뿐만 아니라 에탄이나 프로판에 대하여도 마찬가지 효과가 있는 것으로 확인되었다.

이미 설명한 바와 같이 SOFC의 경우는 탄화수소계 연료를 내부 개질하는 것이 가능하지만 개질 반응을 셀·스택 내부에서 수행시키는 것이 열을 보다 유효하게 이용할 수 있으므로 효율 면에서도 유리하다. 여기서는 연료로서 메탄을 예로 들어 개질 반응 및 전지의 전기 화학 반응식을 써서 그 이유를 설명하겠다. 먼저 메탄에서 H_2 및 CO를 발생시키는 개질 반응은

$$3CH_4 + CO_2 + 2H_2O \rightarrow 4CO + 8H_2 \quad \cdots\cdots\cdots\cdots (9\text{-}7)$$

이지만 이것은 흡열 반응이고, 열을 흡수하면서 화살표 방향으로의 반응이 진행한다. 다음에 셀에서 진행되는 H_2 및 CO의 전기 화학 반응은

$$4CO + 8H_2 + 6O_2 \rightarrow 4CO_2 + 8H_2O \quad \cdots\cdots\cdots \quad (9-8)$$

로 표시되고, 이 반응은 발열 반응이기 때문에 동작 온도가 높아질수록 열역학적인 이상 효율은 낮아지는 경향이 있다. 식 (9-7)과 식 (9-8)을 단순하게 합하면

$$CH_4 + 2O^2 \rightarrow CO_2 + 2H_2O$$

이 얻어지지만 이것은 바로 메탄의 연소로 탄산가스와 수증기를 발생시키는 반응식이다. 다른 한편, 식 (9-8)에서 발생하는 CO_2와 H_2O의 1/4를 순환시켜 식 (9-7)의 개질 반응에 사용하면 연속적으로 개질을 진행시킬 수 있다. 이 경우 개질과 전지 반응을 합한 전반응은

$$CH_4 + 1/2O_2 \rightarrow CO + 2H_2$$

이고, 이것은 CPU의 부분산화 개질 반응과 같다. 식 (9-8)의 반응이 식 (8-7)의 개질 반응보다 높은 온도에서 진행되면 그 반응에 의해서 발생하는 열을 흡열 반응인 개질 반응에 사용할 수 있다.

4. 셀의 구조와 재료

(1) 셀 구조

셀의 기전압(起電壓)은 1V 이하로 낮으므로 실용상의 연료전지인 스택은 다수의 셀을 직렬로 접속할 필요가 있다.

셀의 구조를 크게 나누면 원통형과 평판형이 존재하지만 스택(원통형에서는 '번들(bundle)'이라고 한다)을 구성하는 경우 전류 유로(流路)의 길이에 기인하는 전기저항의 크기와 그로 인한 전압강하, 연료가스 및 공기의 가스 누출방지(가스 차단), 또 가스 흐름의 균일성이 구조상의 문제로 거론되고 있다. 일반적으로는 원통형 구조상 기계적 강도가 우수한 편이다.

또 전류의 유로가 길어지지만 가스 차폐를 필요로 하지 않는 구조가 가능하고, 반대로 평판형의 경우는 전류 경로를 작게 하여 출력밀도를 높이는 것이 가능하지만 가스 차폐에 관해서는 어려움이 존재한다.

그리고 원통형에는 세로줄무늬형과 가로줄무늬형이 있는데, 세로줄무늬형은 하나의 관이 하나의 셀을 형성하고, 셀의 경계, 즉 인터커넥터가 원통 축에 평행하게 붙어 있지만 가로줄무늬형에서는 셀의 경계가 원통축에 대하여 수직으로 배열되어 있다.

원통 세로줄무늬형에서는 기계적 강도를 다공질 원통관(Porous Support Tube)에 의지하고 그 바깥쪽 표면에 공기극, 두께 10㎛의 고체 전해질막, 여기에 연료극을 적층하는 다공질 지지관(支持管) 방식이 많이 사용되었지만, 최근에는 지지관 자신을 공기극 재료로 만듦으로써 공기극 지지 방식이 사용되는 경향이 있다.

1980년경 웨스팅하우스가 개발한 세로줄무늬형 셀은 지름 22㎜, 길이 1,500㎜의 공기극 다공질관이 지지관 역할을 하고, 그 바깥쪽에 전해층을 형성, 다시 그 바깥쪽에 다공질 연료극을 적층한 구조로 되어 있다.

제조기술로서는 전기 화학적 증착법 EVD(Electrochemical Vapor Deposition)이 채용되었다. 따라서 공기는 기체관 안쪽에서 축 방향으로 도입되고, 연료는 관 바깥쪽에 공급된다. 공기와 연료가스는 교묘하게 분리 공급되므로 가스 차단을 필요로 하지 않는다. 따라서 '실레스(sealless)'로도 불리고 있다[그림 9-1].

이에 비하여 원통 가로줄무늬형(Segment-in-Series)에서는 다공질 기체관 바깥쪽에 연료극층, 전해질층 및 공기극층으로 구성되는 셀을 관의 축 방향에 일정 간격으로 복수 배열하고, 그 사이를 인터커넥터로 직렬 접속한 구조로 되어 있다. 따라서 기체관 바깥쪽을 흐르는 것이 공기이고 안쪽에는 연료가 흐르고 있다.

평판형은 다시 자립막형과 지지막형으로 나눌 수 있다. 평판자립막형은 0.2㎜ 정도의 전해질막 한쪽 면에 약 0.02㎜ 두께의 연료극, 다른

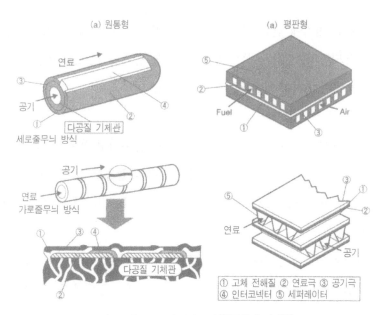

그림 9-2 | SOFC의 기본 구조(원통형과 평판형)

쪽에 거의 같은 두께의 공기극을 첨부하여 땜질한 구조로 되어 있으며, 셀 두께는 0.3mm 정도의 박막 형상이다. 전해질판의 두께가 두껍고 이 판에 의해서 형상을 지지하는 구조로 되어 있기 때문에 '자립막형'이라는 이름이 붙었다.

이와 같은 구조의 셀은 전해질판이 열응력에 의해서 갈라지기 쉽고 대면적의 셀을 만들기 곤란하므로 다수의 작은 면적의 셀을 배열하는 방법이나 요철(凹凸)을 내어 기계적 강도를 증가시키는 동시에 반응 면적을 늘리는 등의 노력을 기울이고 있다.

이에 대하여 평판 지지막형은 연료극 또는 공기극 중의 어느 한쪽을 기판으로 하여 그 위에 전해질막과 나머지 전극막을 형성하는 구조이다. 기판을 두껍게 하여 그 기판에 강도를 유지하기 때문에 전해질을 얇게 할 수 있는 동시에 셀의 대면적화가 가능하다.

(2) 전해질

산화물 고체 전해질은 일반석으로 수용액이나 용융염 같은 액체 전해질에 비하여 이온 전도율이 낮으므로 저항 분극으로 인한 전압 강하를 적게 하기 때문에 가급적이면 얇게 하는 것이 요구된다.

그러나 고체 박막에는 미소한 간극이나 기공(氣孔), 또는 흠집이 발생하기 쉽다. 때문에 액체 전해질에 비하여 균질성을 유지하기 어렵다.

그리고 전해질 층을 구성하는 다결정의 입계(粒界)와 기공 때문에 이온 통로의 전도성에 결함이 존재하면 국소적으로 주울열이 발생하여 미세한 간극이나 변질이 생길 위험성이 높아진다.

또 전해질 층이 치밀하지 않고 층 속에 기공이 존재하면 가스가 그 기공을 통하여 크로스오버 현상을 일으켜 연료와 산소가 직접 반응하므로 연료의 이용률을 떨어뜨리는 결과로 이어진다. 그리고 효율의 저하를 야기한다.

따라서 고체 전해질에는 이온 전도성의 기능 외에 균질성, 치밀성, 내열성, 기계적 강도 및 안정성이 요구된다.

이미 설명한 바와 같이 900~1,000℃의 고온에서 동작하는 대표적인 SOFC 셀에서는 전해질로 지르코니아(ZrO_2)에 이트리아(Y_2O_3)를 3~10% 정도 녹인 이트리아 안정화 지르코니아(YSZ)가 사용된다. YSZ에서는 4가의 지르코늄 이온의 일부가 3가의 이트륨 이온으로 대치되어 있으므로 이트륨 이온 2개당 1개의 산소 이온 구멍이 내부에 발생하고, 고온에서는 이 구멍을 통하여 산소 이온이 쉽게 이동할 수 있다. 그러나 온도가 내려가면 도전율이 급격하게 낮아지기 때문에 저온 작동의 SOFC에서는 다른 재료가 사용되고 있다. 구체적인 수치를 들면, YSZ의 저항률(비저항)은 1,000℃에서 약 10W·㎝이지만 700℃에서는 이 값이 한 자릿수 상승한다.

(3) 전극 반응

SOFC 셀의 두 극의 전극 반응은 반응가스, 이온 도전성 고체(전해질), 전자 도전성 고체(전극재)가 서로 접촉하는 경계 근방에서 발생한다. 이것을 산소의 변화와 작용을 중심으로 관찰하면

① 다공질 전극 속으로 산소가스의 확산

② 전극 상에서 산소 분자의 확산

③ 산소 분자에서 원자로 해리

④ 산소극과 전해질 계면으로 확산

⑤ 계면 근방에서 산소 원자의 이온화

⑥ 산소 이온의 전해질 결정격차 속으로의 흡수

⑦ 전해질과 연료극 계면에서의 산소이온의 방전 반응

의 과정으로 전극 반응이 진행한다.

그러나 전극 재료가 순수한 전자 전도체가 아니고 산소이온과 전자 쌍방에 대하여 도전성을 갖는 혼합 전도체이면 ⑤ 산소 원자 이온화 및 ⑦ 산소이온의 방전 반응은 혼합 도전체 표면에서도 진행되는 것으로 보인다.

이 경우 유효 반응 면적이 현저하게 커지고 높은 전류밀도에 이르기 까지 분극 현상이 발생하지 않으므로 전극에서의 과전압은 낮아진다. 뒤에서 설명하겠지만 공기극에 코발트계 페로브스카이트가 사용되는 이유는 이 재료가 고온 공기 중에서는 혼합 도전체가 되기 때문이다.

(4) 공기극

공기극(캐소드)으로는 보통 페로브스카이트(Perovskite)형 산화물이 사용된다. 특히 촉매능과 전자전도성이 모두 높은 란탄 스트론튬 망가나이트($La_{0.84}$ $Sr_{0.16}$) MnO_3가 일반적으로 사용되고 있다. 산소는 이 $LaMnO_3$의 촉매 작용에 의해 산소 이온으로 전환된다.

천이금속을 포함하는 페로브스카이트형 산화물은 이온 전도성과 함께 전자전도성을 가지므로 공기극으로서 우수하지만 망가나이트 이외의 페로브스카이트는 전해질에 사용되는 YSZ와 화학 반응을 일으켜 전극 성능을 열화시킬 우려가 있다. 특히 $LaCoO_3$계 페로브스카이트는 전극 촉매 활성이 유망한 재료이지만 YSZ와의 화학 반응 및 열팽창계수의 차이가 있으므로 전극 재료로는 적합하지 않다.

(5) 연료극

SOFC의 연료극으로는 일반적으로 금속 니켈과 산화물 이온 도전체와의 서멧(cermet)이 사용되고 있다. 금속 니켈은 높은 전자 도전성을 갖는 동시에 수소와 탄화수소계 연료의 흡착이 일어나 높은 전극 촉매 활성을 발휘한다.

또 백금 등에 비하여 값이 저렴한 점에서도 전극용 재료로 우수하다. 다른 한편, 산화물 이온 도전체는 합성 및 작동 시에 니켈의 소결(燒結)을 억제하는 것이 가장 중요한 역할이다. 니켈은 800℃ 이상으로 가열하면 응축이 시작되고, 니켈과 산화물 이온 도전체의 비율 및 혼합 상태에 문제가 있으면 시간이 경과함에 따라 전극 특성을 열화시킬 가능성이 있다.

따라서 장시간에 걸친 안정된 발전 성능을 유지하기 위해서는 서멧의 분산 상태 제어가 중요한 과제이다.

고온 작동 SOFC의 경우, 연료극(애노드)에는 40~60%의 지르코니아 가루를 포함한 산화니켈분을 소결한 재료(니켈/YSZ 서멧)가 일반적으로 사용되고 있다. 산화니켈은 발전 시에 수소로 환원되어 금속 니켈이 되어 촉매능과 전자전도성을 발휘한다.

그러나 니켈의 열팽창계수가 전해질 재료인 YSZ보다 크기 때문에 열팽창의 차이로 인한 전해질 재료와 전극의 박리가 발생할 가능성이 있고, 또 고온 소결에 따른 다공질 재료의 변형을 피하고자 이와 같은 복합재료가 개발되었다.

(6) 인터커넥터

셀 사이를 전기적으로 직렬 접속하는 데 필요한 인터커넥터는 고온 연료가스와 공기를 격리하는 세퍼레이터로서의 역할도 동시에 수행하고 있다. 원통형 셀에서는 전기적인 접속이 중요시되는 데 비해 평판형에서는 공기와 연료가스를 격리하는 기능이 강조되므로 세퍼레이터로 불리는 경향이 있다.

따라서 인터커넥터 부재(部材)의 한쪽 면은 고온에서 환원 분위기에, 다른 쪽 면은 산화 분위기에 놓이게 된다. 또 커넥터의 역할상 전자전도성이 높고 이온 전도성은 낮아야 한다.

만약 이것이 산소 이온 전도성을 갖는다면 전해질이 전자전도성을 갖는 것과 동일한 메커니즘에 의해 부분 단락 현상이 발생하며 그만큼 효율은 떨어진다.

인터커넥터 재료로는 화학 안정성 및 전기전도성이 우수한 란타넘 크로마이트계 페로브스카이트 산화물을 중심으로 개발이 추진되고 있다.

그러나 이 물질은 전해질인 YSZ보다 열팽창률이 약간 높으므로 그대로 접합하면 온도를 높였을 때 휘어짐이 발생하거나 금이 갈 위험성이 있다.

알칼리토류를 치환 고용시키면 열팽창률이 상승하고, 알칼리토류 이온을 첨가하면 전자전도성이 높아지는 경향이 있으므로 Mg나 Ca 혹은 Sr을 도프(dope)한 $LaCrO_3$계 산화물, 즉 $LaCr_{0.9}Mg_{0.1}O_3$이나 $La_{0.9}Ca_{0.1}CrO_3$ 등이 후보로 거론되고 있다.

원통형에서 많이 사용되는 것은 열팽창계수가 YSZ에 가까운 칼슘 도프 재료이고 스트론튬(Sr)을 도프한 형은 평판형에 많이 사용된다. 란타넘 크로마이트계 재료는, 비저항은 YSZ 전해질보다 낮지만 공기극이나 연료극에 비하면 높고, 특히 온도가 낮아지면 그 값은 상승한다.

(7) 가스 차폐재

평판형 SOFC에서는 각 셀 간의 가스 차폐가 기술적인 과제가 되고 있다. 일반적으로는 유리 또는 세라믹스·유리 복합체를 사용하지만 가스 차폐의 경우는 연료가스 쪽에서 유리 속의 박막 커패시터(capacitor) 재료 SiO_2가 부분 환원되어 휘발성의 SiO로 되고, 이것은 주변 재료와 반응하기 때문에 재료의 기능을 열화시킨다는 문제가 제기되고 있다.

세라믹스만의 차폐도 연구되고 있지만 어느 것이 되었든 장기간에 걸친 안정된 차폐는 곤란하므로 이것이 평판형에서 연료 이용률의 향상을 저해하는 결과를 낳고 있다.

5. SOFC 시스템의 개발 동향

(1) SWPC 이외의 해외 기업 등에 의한 개발 동향

SWPC의 실적이 다른 회사들을 크게 앞지르고 있지만 그 개발 성과들에 관해서는 이미 기술한 바 있으므로 이 절에서는 그 이외의 개발 동향에 대하여 소개하겠다. 1998년에 BMW, 델파이(Delphi), 르노(Reneau) 3사가 발표한 자동차용 보조 전원(APU)으로서의 SOFC 이용 구상은 비교적 용량이 큰 종전의 정치식 발전용과는 다른 소용량 전원을 추구하는 새로운 개발 전략을 시사하고 있다.

최근 자동차는 에어컨과 통신, 제어 등 전력 소비가 크게 늘어나는 경향이 있으며, 따라서 동력원과는 별도로 고효율 전원을 마련할 필요성에 직면하고 있다.

특히 트럭의 경우 정지 중에 에어컨의 전원을 위해 엔진을 계속 가동하는 것은 공해 발생원이 되므로 이 구상을 지지하는 이유가 되고 있다. APU의 출력 레벨은 1~10kW 수준이다.

출력용량이 더욱 작은 휴대용 전원으로 이용 가능한 SOFC에 대한 구상도 제기되고 있다. 미국 방위고등연구계획국(DARPA)의 팜 파워 프로젝트(Palm Power Project)에서는 출력이 20W 정도이고, JP-8을 연료로 하는 SOFC 개발이 진행되고 있다고 한다.

또 1W 정도의 극소 시스템 개념도 미국에서 발표되었으며, MIT는 실리콘 기판 위에 SOFC를 심어 넣는 방식을 검토하고 있고, 캘리포니아 공과대학 등 몇 개 연구 기관은 마이크로 머신을 적용한 SOFC 제조 기술을 검토하고 있다는 소식도 있다.

일본에도 많이 알려진 것은 스위스의 줄처(Sulzer)에 의한 전기 출력 1㎾의 HXS 1,000 PREMIRE이라는 시스템인데, AC 송전단 효율은 현재 25~30% 수준이다. 독일, 일본, 스페인, 네덜란드에서 실증 시험이 실시되어 2001년 말에 시장에 도입되었다.

이것과는 대조적으로 대용량 발전 시스템으로 이용할 것을 목표로 개발을 추진하고 있는 것이 롤스로이스(Rolls Royce)이다. 롤스로이스는 자회사로 롤스로이스 퓨어셀시스템(Rolls Royce Fuel Cell System)을 설립하고 평판통형의 지지체(안쪽이 연료)에 가로줄무늬 셀을 적층한 구조의 모듈을 개발하였다. 동사는 1㎿급의 시스템을 목표로 하고 있으나 모듈의 출력은 50W급이기 때문에 여러 단으로 블록화한 스택을 설계하고 있다.

캐나다의 글로벌 서모일렉트릭(Global Thermoelectric, 현재는 Fuel Cell Energy에 합병)은 1997년에 SOFC 개발을 시작한 이래 많은 자금과 인재를 투입하여 정치용을 목적으로 하는 소형 평판형 셀 개발을 진행하고 있다.

또 아쿠멘트릭스(Acumentrics)는 안쪽이 연료극, 바깥쪽이 공기극인 원통형 SOFC 셀을 개발하였고, 일본에서는 스미토모 상사가 판매권을 획득하여 도입하였다. 카탈로그는 발행되었지만 운전실적에 관해서 아무런 보고가 없다. 이 SOFC는 연료극 지지형으로, 원통형 셀 안쪽에 탄화수소계 연료와 공기를 도입하면 내부에서 탄화수소계 연료를 부분 산화 개질하여 수소와 CO를 생성한다. 이것은 전력, 열, 수소까지 공급하여 트리제너레이션의 가능성을 시사하는 것이다.

(2) 미국 DOE의 개발 계획

미국 DOE는 특히 SOFC가 고효율이고 또한 매우 넓은 범위의 출력 레벨에 적용 가능한 점에 주목하여 이 개발에 많은 노력을 쏟아왔다. DOE의 부장관을 지낸 바 있는 조셉 롬(Dr. Joseph J. Romm)은 만약 SOFC의 낮은 비용 실현과 높은 내구성이 확립되어 실용화가 가능하게 된다면 그로 인한 많은 장점으로 인하여 정치식 이용에서 주류를 점하게 될 것이라고 말했다.

앞에서도 기술한 바와 같이 SOFC는 원통형과 평판형 두 종류가 있으며, 원통형은 구조 면에서 우수한 데 반하여 평판형은 가스 차폐에서는 어려운 점이 있기는 하지만 높은 출력 밀도와 가격 면에서 유리해질 가능성이 높은 것으로 보인다.

이와 같은 관점에서 미국 DOE는 평판형을 포함한 SOFC의 개발 프로젝트를 발족시켰다.

미국의 SECA(Solid State Energy Conversion Alliance) 프로젝트는 의욕적인 내용과 목표를 포함하고 있다. SECA가 내건 목표는 낮은 비용 실현이 가능한 평판형 SOFC에서 3~10kW의 모듈은 정치용, 교통, 군사, 가정용 CHP 자동차를 포함한 보조 전원용, 통신 시설용, UPS/축전지 대체 등 그 이용 범위가 넓으므로 상당한 수요를 예상하고 있다.

2010년에는 적당한 생산 규모에서 $400/kW의 모듈 가격을 실현하는 것을 목표로 잡고, 또 2015년에는 가스터빈 등과의 하이브리드화로 70% 이상의 발전 효율을 목표로 잡고 있다.

(3) 저온동작형 SOFC

SOFC의 낮은 비용을 실현하는 또 하나의 시도는 동작 온도의 저온화이다.

즉, 현재의 950~1,000℃의 동작 온도를 650~850℃까지 낮추려는 시도인데 이것이 실현된다면

① 금속 재료를 포함하여 이용 가능한 재료의 선택폭이 넓어지고 결과적으로 가격 인하가 가능하다.

② 재료를 1,000℃에 이르는 가혹한 분위기에 시달리게 할 필요가 없으므로 내구성을 향상시킬 수 있다.

③ 시동시간이 짧아진다.

등의 유리한 점이 존재한다. 그러나 YSZ와 같은 재료는 온도가 낮아짐에 따라 이온 전도성도 현저하게 떨어지므로 새로운 재료의 탐색이 요구된다.

일본에서는 SOFC의 개발이 SWPC에 뒤졌다는 의식도 있어 평판형과 저온동작 SOFC 개발에 노력을 쏟아온 것으로 생각된다. 이하 일본의 개발 동향을 소개하겠다.

간사이 전력과 미쓰비시 머터리얼은 파인세라믹스센터, 오이타대학과 공동으로 2001년부터 란타논(lanthanon)계 전해질을 사용한 저온동작 SOFC 개발 연구를 진행하고 있다. CO 첨가 란타논계 재료(LSGMC: La(Sr)Ga(MgCo)O₃)는 페로브스카이트 구조의 산화물 이온전도체이고, 특히 600~800℃의 저온역에서 YSZ와 비교하여 이온 전도성이 한 자릿수 이상 높고, 온도 저하에 대한 도전율 온도구배가 적다는 점에서 저온동작 SOFC용 전해질 재료로 뛰어나다.

연료극으로는 니켈(Ni)과 사마륨(Sm)을 고용한 산화세륨(SDC)의 서멧이 사용되었다.

이 SDC는 저온에서도 높은 산소이온 전도성을 가지며 연료극 분위기에서 전자와 산소 이온의 혼합 전도성을 나타내는 셀렌계 산화물이고, 나노 레벨에서 제어된 복합 미립자는 산화니켈(NiO)을 내포하며 SDC로 피복된 캡슐형 복합 형태로 되어 있다. 즉, 전자 도전체인 니켈의 네트워크와 연료극 분위기에서 혼합 도전성을 나타내는 셀렌계 산화물의 네트워크가 서로 얽매인 구조를 가짐으로써 매우 우수한 전극 특성을 실현하였다고 보고되었다. 공기극으로는 사마륨 코발타이트계 산화물 SSC가 사용되었다.

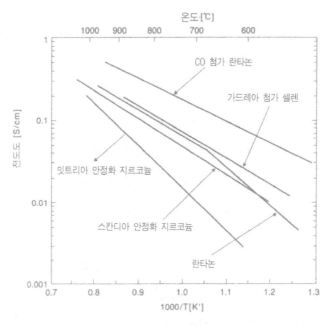

그림 9-3 | 각종 전해질 재료의 전기 전도도

위에서 설명한 Ni-SDC/LSGMC/SSC 구조의 단 셀에서 동작온도를 700~800℃로 하고, 연료 및 산화제로 각각 가습수소(3vol% H_2O) 및 공기를 사용한 경우의 발전 특성이 관측되었는데, 셀 전압 0.7V에서 출력밀도는 800℃에서 1.8W/㎠, 700℃에서 0.9W/㎠의 높은 값이 획득된 것으로 보고되었다.

간사이 전력 그룹과는 달리 도호가스를 중심으로 하는 연구 그룹은 스칸디아 안정화 지르코니아(ScSz)를 전해질로 사용한 저온동작형 SOFC 개발을 추진하고 있다. ScSZ 재료의 1,000℃에서 전도율은 Sc_2O_3의 도프량이 8mol% 부근에서 극댓값(0.3~0.38S/㎝)을 나타내는데, 8mol% $Y_2O_3ZrO_2$의 그것에 비하여 2~3배 크기다.

도프량이 10mol%를 넘으면 저온에서 전도율이 현저하게 저하하는 경향이 있으므로 8mol% Sc_2O_3-ZrO_2(8ScSZ)가 저온동작 SOFC의 전해질 재료로 가장 적합한 것으로 생각할 수 있으나 장기적인 도전율의 일시적인 열화를 고려하면 도프량의 최적값은 10~11mol%라고 한다.

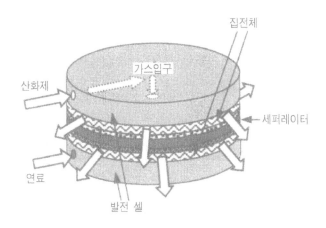

그림 9-4 | 단 셀 스택 유닛의 구조

또 기계적 강도와 열팽창계수에 관해서는 YSZ보다도 우수하거나 동등하다는 것이 확인되었으며, ScSZ를 YSZ로 대체하여도 설계를 크게 변경할 필요는 없을 것 같다.

도호가스의 연구팀은 이와 같은 전해질 재료의 유효성을 실증하기 위해 셀을 시험 제작하여 발전 특성을 평가하였다. 재질이 11mol% Sc_2O_3-ZrO_2(11ScSZ)이고 두께 0.3mm인 전해질을 사용하여 시험 제작한 셀에서는 1,000℃에서 2W/㎠ 이상, 또 800℃에서는 약 1W/㎠의 출력밀도가 획득되었다고 보고하였다.

도쿄가스도 낮은 값으로 소형화를 기대할 수 있는 지지막식(支持膜式)이고 작동 온도가 750℃인 SOFC 개발을 진행하고 있다. 제조방식은 대량 생산이 가능한 프레스 성형과 스크린 인쇄 및 공소결을 베이스로 하는 것으로서, 기술 뒷받침으로 낮은 비용 실현이 가능하다.

물론 해외에서도 저온동작 SOFC는 연구 기관이나 기업이 취급하고 있다. 예를 들면 글로벌 서모일렉트릭은 1997년 이래 연구를 이어오고 있으며, 동사에서 델파이 오토모티브 시스템(Delphi Automotive System)에 공급한 자동차의 보조전원용 SOFC는 동작 온도 800℃에서 수소 연료로 1W/㎠, 개질가스로 0.37W/㎠의 출력밀도를 기록하였다.

또 허니웰(Honeywell, Allied Signal의 후신)은 유력한 SOFC 시스템 개발 회사 중 하나인데, 이 회사가 개발한 평판형의 경우 동작온도 800℃에서 합성가스 연료로 0.285W/㎠의 출력밀도를 실현하였다.

(4) 비용 절감 시도

토토기기(TOTO)는 1989년 이래 원통형 세로줄무늬형을 중심으로

SOFC를 정력적으로 개발하고 있으며, 특히 1997년경부터 비용 절감 과 양산기술 개발에 노력을 쏟아왔다. 이 회사 생산 과정의 큰 특징은 종래의 CVD법 대신에 낮은 비용 실현이 가능한 슬러리코트법(slurry coat, 습식법)을 채용하고 있다는 점에 있다.

이 셀은 지지관을 겸한 공기극이 있고 그 바깥쪽에 전해질, 연료극 을 적층한 구조인데, 공기극 지지관은 (LaSr)MnO$_3$을 원료에 압출성형 법으로 제작되며, 그 위에 슬러리코트법으로 (La, Ca)CrO$_3$의 인터커넥 터, ScSZ의 전해질 및 Ni/YSZ제의 연료극이 제막(製膜)되어 있다.

단 셀에 의한 발전 실험에서는 연료인 메탄을 셀에서 직접 개질하는 방식에서 연료 이용률 80%, 전류밀도 0.3A/㎠, 출력밀도 0.2W/㎠의 성능을 달성하였다.

또 내구성에 관해서는 메탄 연료인 경우 S/C=2.0, 연료 이용률 70%, 전류밀도 0.3A/㎠에서 몇 차례 정지(停止)를 포함한 운전 패턴에 서 5,000시간의 발전 운전을 한 결과 셀 성능의 열화는 인정되지 않 았다.

동사에서는 습식 원통형 셀이 내부 개질 발전에서도 양호한 내 구성을 확인하였다고 평가하였다. 특히 개질 모의가스를 연료로 하 는 출력 3kW 모듈에 의한 발전 실험에서는 발전 출력 3.12kW, 출력 밀도 0.192W/㎠, 연료 이용률 70%의 운전 조건에서 전압저하율 0.4%/1,000h에 불과하였다. 게다가 이 전위의 저하는 번들과 집전판 의 접촉에 기인하는 것으로서, 셀 번들에는 전위 저하가 발생하지 않았다는 것이 확인되었다.

2001~2004년까지의 연구 개발 프로젝트에서는 SOFC의 반응열에 의해 운전온도를 유지하는 열 자립 모듈을 설계·제작하고 있다. 셀을 집적한 셀 번들 구조는 [그림 9-5]에 제시된 바와 같이 전기적 접속은 3병렬×5직렬형(그림의 오른쪽), 혹은 2병렬×7직렬(그림의 왼쪽)형이 기본 구성으로 제안되었다.

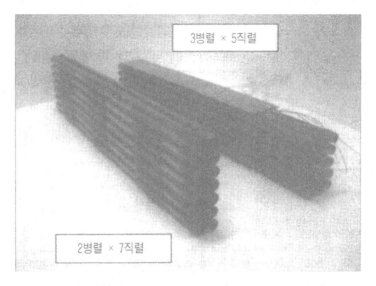

그림 9-5 | 셀 번들의 개관

또 이 회사가 2002년도에 설계·제작한 열 자립 모듈 시험기 시스템 구성도는 [그림 9-6]과 같다. 서브 모듈은 바깥지름 유효 전극 길이 600㎜, 유효 발전 면적 230㎠인 셀 14개로 구성되는 셀 번들 5개로 구성되어 있으며, 이 서브 모듈 4개가 메인 모듈을 구성하는 구조이다.

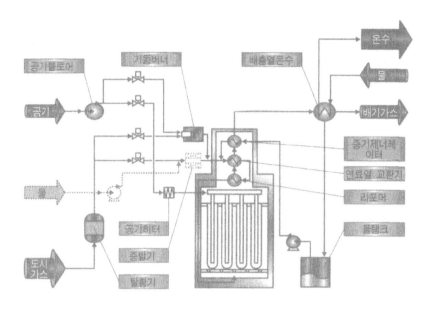

그림 9-6 | 열 자립 모듈 시험기의 시스템 구성도

(5) MOLB형 SFC

미쓰비시 중공업은 일본에서 원통형 및 평판형 SOFC 개발에서 가장 역사가 길고 또 선진적인 성과를 자랑하는 기업이다.

이 회사가 SOFC 개발에 착수한 것은 1984년부터인데, 그해부터 전원개발과 공동으로 원통형 SOFC 모듈의 개발을 진행하여 왔고, 또 90년부터는 주후전력과 공동으로 평판형인 일체적충형(OLB형: Monoblock Layer Built) SOFC를 개발하여 왔다. 현재 수십 내지 100㎾급 발전 시스템 시험기를 개발하는 단계에 있다.

원통형 SOFC에 관해서는 1990년에 1kw급 모듈의 발전에 이어서 95년에는 10㎾급 모듈로 5,000시간의 연속 운전을 달성하였고, 또 가스터빈과의 복합발전 개발을 목표로 가압형 모듈 개발에 착수하였다.

1998년에는 가압형 10㎾ 모듈에 의해 연속 7,000시간의 발전 운전을 실시하고 있다. 이 회사가 개발한 원통 소결형 SOFC 스택은 압출 성형한 원통상 세라믹관(기체관) 바깥면에 연료극, 전해질 및 공기극을 줄무늬상으로 성막(成膜)하여 형성한 복수의 셀을 인터커넥터로 전기적으로 접속한 구조로 되어 있다.

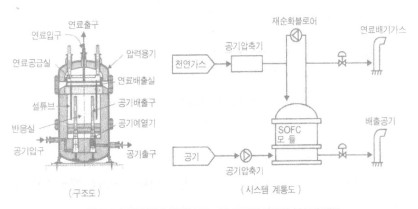

그림 9-7 | 가압 내부 개질형 10㎾급 모듈의 구조와 시스템 계통

즉, 원통형 가로줄무늬형이고 연료는 관의 안쪽을, 공기는 바깥쪽을 흐르는 구조로 되어 있다. 2001년에는 압축된 천연가스를 연료로 사용하는 동작압 0.39㎫의 내부 개질형 10㎾ 모듈을 개발하여 755시간의

연속 발전 운전에 성공하였다. 셀 튜브는 288개이고, 운전온도 900℃, 전압 100V, 전류 64A에서 40%(HHV) 이상의 발전 효율을 기록하였다. 수증기 개질에 필요한 수증기는 연료 배기가스 속에 함유되어 있는 수증기를 재순환시켜 공급하고 있다.

평판형 MOLB형의 모듈 구조는 [그림 9-8]에 제시된 바와 같이 요

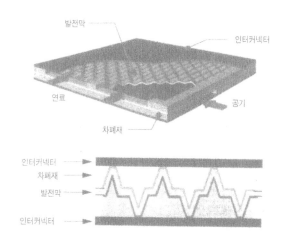

그림 9-8 | 일체적층형 SOFC의 구조(위)와 MOLB형의 겉모습

철상의 발전막(전해질을 끼고 연료극과 공기극으로 구성)을 전기적으로 접속하는 인터커넥터로 구성되어 있다. 발전막을 요철상으로 처리함으로써 유효 발전 면적이 늘어나고 발전막의 기계적 강도도 향상되지만 동시에 이것은 연료(수소) 공기의 통로를 형성하는 역할을 하고 있다.

일체 적층형에서는 평판형의 모듈을 겹쳐 쌓아 스택을 형성하기 때문에 끝부분에서 연료가스와 공기를 차폐하기 위한 차폐재가 필요하다. 이 회사에서는 가스 차폐재로서 독자적으로 개발한 고밀도 세라믹스를 사용하고 있다.

1992년 평판형으로 kW급 발전에 성공한 이후, 1996년에는 발전 출력 5.1kW를 실현하고 1997년부터는 대용량화와 신뢰성 확보를 목표로 연결식 일체 적층형(T-MOLB: Train type MOLB)을 개발하였다. 그리고 2001년 7월에는 이 T-MOLB형을 300단 사용하여 15kW의 발전 출력을 달성함으로써 누적 7,500시간의 운전 실적을 얻었다.

(6) 일본의 기타 연구 기관

교세라는 출력 1kW급 가정용 열병합 발전에 이용할 목적으로 SOFC 시스템을 개발하고 있으며, 54%의 발전 효율을 실현하였다는 보고는 가스 관련 기업 등에 커다란 자극을 주는 결과를 낳았다. 오사카가스와 도쿄가스는 가정용 SOFC의 상용화를 실현하기 위해 교세라와의 공동 연구 개발을 진행하고 있다.

또 전력중앙연구소는 SOFC에서 때때로 발전 성능이 저하하는 원인의 하나로, 연료극 속의 Ni 입자의 응집과 그로 인한 마이크로 구조의 변화를 거론하는 데 착안하여 'YSZ 지지형 마이크로 구조'라는 새로운 개념을 제안하였다. SOFC의 연구 개발에서 오랜 역사를 가지고 있는 산업기술종합연구소는 연구 대상으로 이제까지 별로 주목받지 못했던 소형 시스템에 관심을 가지며 다음과 같은 기초적인 연구 과제에 도전하고 있다.

그림 9-9 | 교세라의 1㎾급 SOFC 발전 시스템

그중 하나는 저온형 SOFC에서의 연료 다양화에 대처한 금속재료의 내구성에 관한 연구이다. 특히 SOFC의 경우 연료 분위기는 많은 양의 수증기를 함유하지만 금속의 수증기 산화 현상은 건조한 공기 중에서 보다 심각한 것으로 생각되며, 또 탄화수소계 액체연료를 직접 셀에

도입하였을 때 탄소의 석출로 인하여 금속재료가 받는 영향에 관해서는 충분히 해명되었다고 하기 어렵다.

이 연구소는 금속 인터커넥터의 SOFC 작동 온도에서의 화학 안정성과 관련해 산화 반응 기구의 해명, 열화 요인의 규명, 이를 방지하기 위한 방법을 연구하고 있다. 셀 제작의 비용 절감 연구에서는 다공질인 Ni-YSZ 양극 위에 YSZ 등의 박막 전해질을 제막하는 연료극 지지형 셀을 저렴한 비용으로 제작할 수 있는 영동전착법(EPD법)에 의한 셀 제법을 제안하는 동시에 그 제작에도 성공하였다.

이 밖에 동 연구소는 이미 설명한 바와 같이 연료극상(燃料極上)에서 탄화수소계 연료를 직접 양극 반응시키는 경우 루테늄 촉매를 전극 위에 분산시켜 전극 반응을 촉진시킴으로써 전류밀도를 대폭 향상시켰다.

〈참고문헌〉

「固体電解質形燃料電池說明資料」 電源開発, 1995년

「三菱重工におけるSOFCの開発狀況」 加幡達雄, 「燃料電池」 FCDIC, 03년

10장

연료전지의
개발 동향과 전망

연료전지의 실용화를 목표로 개발 연구가 진행되고부터 이미 상당한 세월이 경과하였다. 그러나 PAFC처럼 내구성과 신뢰성을 포함하여 실용조건을 만족시킬 만한 성능을 달성하였음에도 불구하고 생각했던 것만큼 보급되지 못하고 있다.

PAFC의 경우는 높은 비용이 시장 도입과 보급에 장애 요인이 되는 것으로 생각된다. 연료전지 자동차(FCV) 보급에 기대를 걸고 시작한 PEFC도 비용과 수소 공급 문제를 해결하기 위한 해답을 아직 찾지 못하고 있다.

또 가정용 PEFC 시스템의 상용화와 보급을 실현하기 위해서는 내구성과 신뢰성 문제를 극복하는 것이 중요 과제로 지적되고 있다. 이 장에서는 PEFC의 상용화에 초점을 맞추어 이를 위한 장애를 극복하기 위한 과제와 전략을 고찰하기로 한다.

1. 실용화를 위한 기술적 장벽의 타개책

기업은 상품으로서의 시장화가 늦어지면 그만큼 재정적 부담이 늘어난다. 상품은 그것이 가령 사회적으로 큰 가치가 있을 것일지라도 소비자의 요구를 만족시키지 못한다면 시장에서의 발전은 기대할 수 없다. 이와 같은 문제들을 어떻게 극복할 것인가가 현재 큰 과제가 되고 있다.

상품화 과정에서 기술적 과제가 장벽에 부딪혔을 때 개발자는 돌파구를 찾아야만 한다. 그때 방향타 역할을 하는 것은 기반 기술의 잠재력이다. 그러나 기반 기술은 그 범위가 매우 넓기 때문에 개별 회사나 개발자가 감당해야 될 부담이 너무 크다.

이와 같은 기반적 기술을 제공하는 역할을 하는 것이 국립연구소나 대학인데, 문제는 최일선의 기업 기술과 대학 등의 잠재력을 어떻게 연결하느냐, 그리고 그것을 실현하기 위해 어떠한 연구체제를 구축하느냐이다. 이와 같은 과제에 대한 회답을 얻기 위해 독립법인인 신에너지·산업기술 종합개발기구(NEDO)는 2004년 7월 가일 심포지엄을 개최하였다.

이 심포지엄이 목표하는 바는 "연료전지와 수소기술에 관한 연구 개발 과제와 목표를 어떻게 설정해야 할 것인가, 그리고 그 개발을 어떠한 체제로 진행할 것인가"를 논의하는 데 있으며, 연구 개발의 성과 발표나 그와 관련되는 토론은 아니었다.

보다 구체적으로는, 현재 NEDO가 고체 고분자형 연료전지·수소 에너지 이용 프로그램을 통하여 실시해 온 연구 개발 프로그램이 대략 2004~2005년에 끝나므로 차기 계획을 입안할 필요가 있는데, 종래와 같이 NEDO가 개별 기업이나 연구 기관과의 교섭을 기본으로 하는 과제나 예산을 결정하는 방식이 아니라 산업계와 대학, 연구소, 기타 지식층 등의 의견을 광범위하게 수렴하여 가장 효과적이고 유효한 프로젝트를 입안하려고 하는 의도가 깔려 있다.

또 심포지엄은 PEFC, SOFC 및 수소의 3섹션을 평행하게 진행하고 최후에 패널 토론을 통하여 공유하는 과제와 서로 모순되는 과제를 정리한다는 방침으로 진행되었다.

이 심포지엄에서 논의된 내용은 공개되었고, 특히 현재의 PEFC에 관한 기술적 문제와 연구 체제상의 주요 문제점을 망라하고 있다고 생각되므로 그 내용을 추려 소개하겠다.

2. 가정용 연료전지의 발전 효율

코제너레이션용 PEFC는 발전 효율 목표를 35~40% 이상으로 높여야 한다는 의견이 제시되었다.

이 의견은 가정용 PEFC 코제너레이션 도입에 따른 에너지 절약 효과가 종래의 에너지 공급방식(화력발전+온수 공급기) 및 새 방식(복합 화력발전+열펌프)에 대하여 실시한 다음과 같은 계산 결과가 근거로 제시되고 있다.

계산을 간단하게, 그리고 알기 쉽게 전달하기 위해 연료는 천연가스(LNG)로 가정하고, 종래형 전력 계통 및 가스를 통해 가정의 전력 및 온수 공급을 위한 에너지가 제공되었다고 치자.

먼저 재래형 방식의 경우 대규모 집중형 화력발전소 및 송배전을 중심으로 하는 전력 계통의 평균 발전 효율을 35, 가정에서 가스를 사용하는 온수 공급효율을 75, LNG 연료에 의해 투입되는 화학 에너지를 100, 발전소에 투입하는 에너지양을 73, 도시가스에 투입하는 에너지양을 27로 한다. 이와 같은 공급 배분과 발전 및 온수 공급효율에 의해 가정에 공급되는 에너지는 전력이 약 26(73×0.35), 온수 공급 에너지는 약 20(27×0.75)이 된다.

다음으로 발전 효율이 30%, 열 회수 효율이 35%인 PEFC를 도입한다고 가정한다. 재래형 에너지 사용 형태와 마찬가지로 전력 27 및 온수 공급 20을 가정에서 확보하기 위해 투입하여야 할 LNG 연료의 양은 발전소에 대해서는 25, 도시가스에 대해서는 57이 되므로 양자를 합계하면 82로 된다. 이 계산의 근거는

전력 : 25 × 0.35 + 57 × 0.30 = 26

온수 공급 : 57 × 0.35 = 20

합계 : 25 + 57 = 82

이다.

즉, 소비된 LNG 에너지는 82이므로 재래형의 경우(100)에 비하여 18%의 에너지 절약 효과를 얻게 된다. 이 경우 가정에는 전력 계통에서 9(25×0.35), PEFC에서 17(57×0.30)의 전력이 공급되고 온수 공급

에너지는 모두 PEFC에 의해 제공되므로 그 크기는 20(57×0.35)이다.

위의 계산은 화력발전소의 효율을 35%로 가정한 경우인데, 현재 화력발전소의 열효율은 상승하는 경향이 있고, 게다가 복합 사이클을 채용한다면 50% 이상의 열효율(계산으로는 49%)이 가능하다. 또 COP가 3인 열펌프를 도입하면 전력에서 효율적으로 열을 공급할 수 있다. 계산 과정은 생략하겠지만 이와 같은 가정을 바탕으로 하는 경우 가정에 26의 전력과 온수 공급 에너지를 확보하기 위한 LNG 투입량은 '복합발전+열펌프' 방식에서는 67이 되어, PEFC를 설치할 때보다 투입 에너지 양이 작아진다. 이것이 PEFC 발전 효율의 목푯값을 더욱 높여야 한다고 주장하는 이론적 근거가 되고 있다.

이와 같은 논의는 미국에서도 제기되고 있으며, 가정에 연료전지를 도입하려고 하는 경우 연료전지의 효율이 40% 이상은 돼야 하며, 그렇지 못하면 환경 및 에너지 절약 관점에서 충분한 효과를 얻지 못한다는 결론이 내려졌다.

그러나 PEFC의 발전 효율은 원리적으로 한계가 있으므로 PEFC를 대체하여 높은 발전 효율과 고온의 열을 획득할 수 있는 SOFC의 도입이 검토되고 있다.

이와 같은 이유로 출력 수 kW의 소용량 SOFC를 실용화하기 위한 연구 개발이 현재 진행 중이다.

SOFC의 도입과 관련된 흥미로운 제안은, SOFC를 트리플 제너레이션으로 이용하려는 발상이다. 여기서 트리플이란 전력, 열 및 수소의 세 종류를 이른다.

SOFC는 매우 고온에서 동작하므로 시동·정지가 용이하지는 않지만 대신 스택 속에 개질 과정이 내장될 수 있으므로 전력과 열의 수요가 없을 때는 원리적으로 운전을 지속시킨 그대로 수소만 출력으로 얻어낼 수 있다.

3. 열화 메커니즘의 해명과 가속 시험법의 확립

연료전지를 실용화하기 위한 가장 중요한 과제는 가격 인하와 내구성 향상을 함께 실현하는 일이다. 특히 가정용 코제너레이션의 경우 실용 단계에서의 목표는 발전 효율이 35%(LHV) 이상, 내구성은 4~9만 시간, 가격은 50만 엔(한화 약 500만 원)인데 비하여 현실은 발전 효율이 35%(LHV), 내구성은 수천~1만 시간, 재료비만 도수 100만 엔이다. 따라서 10년 이상의 요구 수명을 충족하기 위해서는 설치 후의 정비 보수 비용이 방대할 것으로 예상된다.

또 개질기 등 연료 처리기의 연속 내구성은 1만 시간 이상 수준이고 온/오프 내구성은 1,000회이며, 2004년 7월에는 40,000시간 운전할 때 20점 이상의 보기(補機) 교환이 필요할 것이라는 견해가 발표된 바 있다.

내구성을 향상하기 위해서는 열화를 방지해야 하며 열화의 원인은 셀 스택의 각종 컴포넌트에서 개질기, 보기류에 이르기까지 여러 곳에 존재한다.

예를 들어 셀 스택의 세퍼레이터에서는 부식, 고분자막에서는 산화나 분해, 애노드와 캐소드에서는 담체 부식, 촉매의 용출, 차폐에서는 재료 열화 등의 원인을 예상할 수 있다. 게다가 이와 같은 열화는 가습 조건과 시동 정지, 연료와 공기 중에서의 불순물 등 운전과 환경조건에 크게 의존할 뿐만 아니라 요소 간 강한 상관성을 가지고 있다.

열화를 억제하기 위해서는 열화의 메커니즘이 해결되어야 하는데, 이를 위해서는 방대한 데이터의 축적이 필요하다. 또 열화의 실증에는 상당한 기간이 필요하므로 각 메이커가 실시하는 것은 도저히 불가능하리라 생각된다.

단기간에 열화를 실증하기 위해서는 가속시험법이 효과적이고, 이를 기법으로 확립하기 위해서는 열화 요인의 상사칙(相似則)을 파악할 필요가 있으며, 이를 위해서도 열화 메커니즘이 해명되어야 한다. 그리고 그 전제로 고도의 기반 기술 잠재력이 없으면 안 된다.

열화 메커니즘을 해결하기 위해서는 연구 기관과 기업 간 데이터 공유는 물론, 복수의 기업과 연구 기관에 의한 공동 연구도 필요하다.

4. 프로젝트 포메이션의 문제점

앞 절에서 기술한 바와 같이 가까운 장래에 연료전지를 상용화하기 위해서는 기업뿐만 아니라 대학과 공적 연구 기관이 참가한 공동 연구 체제를 확립할 필요가 있다는 것을 많은 연구 개발자들이 지적하고 있다.

그러나 개발 주체가 기업인 이상 독자적인 기술을 외부로 유출하는 것은 회사의 경쟁력을 떨어뜨리는 결과로 이어지므로 이를 회피하려고 하는 것은 당연하다.

그러나 '열화 메커니즘의 해명' 같은 공통적인 과제를 해결하기 위해서는 가장 첨단에 위치한 기업의 우수한 데이터 개방이 필요하며, 여기에 공동 연구 체제 확립을 둘러싼 어려움이 있다. 앞에 소개한 심포지엄에서도 'give and take'라는 말이 가끔 등장한 것처럼, '큰 성과를 기대하기 위해 자신이 가지고 있는 데이터나 노하우를 남에게 어디까지 제공할 것인가'는 이 프로젝트 포메이션의 열쇠라고 할 수 있다.

연구 개발의 그룹화에는 기초 연구 분야의 경우 평행 개발형과 경쟁적 공모형, 그 기반 기술을 지원하는 조직인 집중 연구소 방식이 있다. 병행형은 공통의 기술 과제에 대하여 폭넓게 연구 위탁하는 방식이고, 경쟁적 공모는 장벽의 타개를 기대하여 형성된다.

집중연구소에서는 평가 시스템이 창설되어 평가의 표준화 사업이 추진될 전망이다. 그리고 실용화 연구 분야에서는 상류(재료)에서 하류 (시스템)까지의 산업을 포함한 수직 연대형이 적합한 것으로 생각된다.

5. 연료전지 자동차(FCV)와 수소에너지 사회

FCV의 보급에는 2중으로 '닭과 달걀'이라는 난제를 극복할 필요가 있다. 이 닭과 달걀의 첫 번째 관계는 FCV의 가격과 보급 문제인데, FCV의 가격이 떨어지지 않으면 시장에 보급되지 않고 반대로 보급이 되지 못하면 대량생산이 불가능하기 때문이다.

이 난제는 신기술에는 일반적으로 성립되는 원칙이지만 FCV의 경우에는 특유의 문제가 있다. 그것은 바로 FCV가 보급되지 않으면 수소 스테이션의 설치가 늘어나지 못하고, 반대로 수소 스테이션이 많이 설치되지 않으면 FCV가 보급되지 못한다는 사실이다.

이는 보다 높은 장애물일지도 모른다. FCV 보급은 수소 에너지 사회로 나아가는 데 있어서 바늘과 실의 관계에 있음을 의미한다.

수소는 가장 효율적인 연료인 동시에 가장 사용하기 어려운 연료이기도 하다. 수소의 장점은 물론 청정하고, 재생 가능 에너지를 포함한 많은 종류의 에너지 자원으로부터 생산할 수 있다는 점에 있다.

그러나 이 수소를 무엇으로부터 생산하느냐가 문제다. 보통 천연가스나 석유와 같은 탄화수소계 화석연료를 원연료로 하지만 이 경우 수소를 생산하는 과정에서 탄산가스가 배출된다.

만일 수소를 완전한 청정에너지로 만들기 위해서는 생성 과정에서 탄산가스의 고정화·격리 기술을 병용하거나 재생 가능 에너지 혹은 핵연료를 원연료로 사용할 필요가 있다. 재생 가능 에너지의 경우 바이오매스를 제어하고 수소의 값을 높이는 결과가 될 것이다.

핵연료를 이용한 수소 생산기술에 관해서는 일본 원자력연구소에서 고온가스로의 배출열에 의한 물의 열화학 분해에 관한 연구개발이 진행되고 있으며, 미국에서도 이 기술 개발이 추진되고 있다. 수소는 저장과 수송이 어려운 연료이다. 상온에서는 가스이고 단위 체적당 에너지 밀도가 작으므로 저장하거나 수송하기 위해서는 압축하여 고압가스로 하거나 액화하거나 금속 등 다른 물질에 흡착 또는 결합할 필요가 있다.

압축이나 액화 프로세스는 고가의 장치를 필요로 하고, 게다가 이 장치는 15~20% 정도의 에너지를 소비할 가능성이 있다.

따라서 연료전지 자동차(FCV)에서는 차량 효율(Tank-to-Wheel)이 높을지라도 연료 효율(Well-to-Tank)이 낮기 때문에 종합효율(Well- to-Wheel)을 낮추는 결과가 된다. 현재 단계에서는 FCV의 종합효율은 최신 하이브리드차의 종합효율을 능가할 수 없다.

또 물성적으로 점화 에너지가 낮아 연소나 폭발의 가능성이 크므로 잠재적으로는 위험한 물질이라 할 수 있다. 특히 불꽃은 눈에 보이지 않으므로 화상에 주의할 필요가 있다.

또 분자가 작기 때문에 누출되기 쉽고 확산되기 쉬우며 누출을 검지하는 기술이 간단하지 않다. 이와 같은 특성은 수소를 안전하게 하는 측면도 가지고 있다. 인간의 오감으로 쉽게 검지하기 위해 부취재(腐臭材)를 혼합하면 수소를 연료전지에 도입하였을 때 이것이 불순물로 작용하여 연료전지의 성능과 내구성을 떨어뜨리는 원인이 된다. 또 수소에는 수소 취성(脆性)이 있으며 접촉하는 금속을 부서지게 하는 성질도 가지고 있다.

이것으로 수소의 모든 문제점을 지적한 것은 아니지만 이처럼 수소는 취급이 매우 어려운 연료인 것만은 확실하다. FCV와 함께 수소에너지 사회를 실현하기 위해서는 청정하지만 까다로운 이 수소를 어떻게 다루어 나가야 온당할지 그 해답을 찾아야 한다.

〈참고문헌〉

Jack Brouwer：
　Fuel Cell Fundamentals, Fuel Cell Seminar Short-Course
　Outline, November 18, 2002, Palm Springs, CA, USA

山峰陽太郎：
　直接メタノール形燃料電池(DMFC)の概略「図解燃料電池のすべて」
　工業調査会(2003)

加茂友一：
　直接メタノール燃料電池及び周辺技術の開発課題「燃料電池」Vol.4, (2004)

柴山昭則:

DMFC向け微細孔フッ素樹脂シートの開発「燃料電池」Vol.4, No.2, (2004)

Joseph J. Romm, *The Hype about Hydrogen*, Island Press, 2004

岩原弘育 「燃料電池」Vol.2, No.3, 2003

稲垣、駒田紀一 「燃料電池」Vol.2, No.3, 2003

相川進 「燃料電池」Vol.2, No.3, 2003

上野晃、本間監修:「図解燃料電池のすべて」(2003)

加幡達雄 「燃料電池」Vol.2, No.3, 2003

横川晴美、酒井夏子、日比野高士、嘉藤撒 「燃料電池」Vol.2, No.3, 2003

11장

미 정부와 국제 기관에 의한
FC · 수소 개발 프로젝트

1. 미국에서의 수소사회와 연료전지의 이미지

해외에서는 1990년대 후반, 예를 들면 미국의 대농가에 7㎾ 출력의 PEFC가 설치되어 실증 실험이 실시된 적이 있기는 하지만 현재의 일본에서처럼 국가와 가스회사 같은 에너지 기업이 일체가 되어 개발을 추진했다는 이야기는 들은 바가 없다.

또 미국에서 일반적으로 연료전지의 개발·실용화는 기본적으로는 수소에너지 사회로 옮겨가는 핵심 컴포넌트로 자리매김한 것으로 생각된다.

그러나 미국에서 수소사회 이미지는 일본과는 약간 차이가 있는 것 같다. 에너지부의 전직 고위 관리였던 조셉 롬의 저서 『수소 열풍(The Hype about HYDROGEN)』에 의하면 미국 사람들이 느끼고 있는 수소사회 이미지는 "매일 석유를 소비하지 않고, 배기가스를 전혀 배출하지 않는 자동차를 타고 직장에 출퇴근하며 차를 주차할 때는 차량에 적재된 발전기를 전력 계통에 접속함으로써 자택이 있는 지역사회에 청정한 전력을 공급한다. 경우에 따라서는 전력 회사로부터 매전(買電)한 전력을 되팔 수 있을지도 모른다."라고 생각하는 사회인 듯하다.

미국 최초의 상업용 연료전지는 1990년대에 유나이티드 테크놀로지스사(United Technologies Corporation)의 PAFC가 신뢰성이 높은 무정전 전원으로서 오마하 제1국립은행(The First National Bank of Omaha)의 기술 센터(Technology Center)에 도입되었다. PAFC를 패키지화하여 전원 시스템으로 제공한 것은 슈어 파워(Sure Power Corporation)이다.

이와 같은 제품이 만들어진 이유는 당시 미국에 다음과 같은 사회적 사정이 배경에 있었기 때문이다. 1990년대 미국에서는 정전 사태가 빈발하여 기업들이 공장 가동을 자주 중단시켜 큰 피해를 보게 되었다. 그러나 전력 계통과 디젤 발전기로 구성된 재래의 UPS(무정전 전원)는 그 수명 기간 안에 고장 나는 확률이 63%에 이르렀으므로 신뢰성이 결코 높은 것은 아니었다.

이제 비하여 연료전지를 베이스로 하는 슈어 파워 시스템은 20년 동안 중대한 고장을 일으킬 확률이 1% 이하인 것으로 알려져 기술 센터로 하여금 도입을 결단케 한 동기가 되었을 것이라 생각된다. 또 CO_2 배출을 40%까지 감소시키고 다른 유해가스 배출도 1,000분의 1 이하로 줄이는 등 환경문제 해결에 크게 공헌할 것으로 기대된다. 한편 연료전지는 엔진이나 터빈에서와 같은 가동 부분이 없고 기본적으로 신뢰성이 높은 에너지 변환 장치이며, 따라서 연료전지는 장래 시장에서 확실히 승자가 될 것으로 전망된다.

그러나 이 제1국립은행에 설치한 이후 4년간 슈어 파워는 다른 기관에 같은 종류의 시스템을 판매하지 못했다. 그뿐만 아니라 PAFC의 제작 회사인 UTC퓨어셀(UTC Fuel Cells)은 한정된 대수의 PAFC를 생산한 후에는 다른 연료전지 기술 개발에 힘을 쏟았다.

2. 가정용 PEFC와 환경 면에서의 효과

미국 가정의 평균 전력수요는 1㎾이고, 최대 수요는 4㎾이다. 에어컨이 가동되는 여름철에 전력 소비는 최대에 이른다. 그리고 열과 온수는 천연가스 연소로 공급된다. 열(熱) 수요는 연중 큰 차이가 없지만 겨울철에는 증가하며 전력수요보다 크다. 이와 같은 수요 패턴을 근거로 하여 에너지부는 베이스 로드 전력과 온수를 커버하는 연료전지 출력 규모는 약 1㎾가 가장 적합하고, 그 이상이면 낭비가 늘어나 효율, 비용 유효성, 환경 효과가 모두 떨어진다고 계산하고 있다. 더 상세한 계산에 의하면, 출력 0.73㎾의 PAFC가 가장 적합하다. 이와 같은 전력 및 열 수요 패턴은 일본의 그것과 큰 차이는 없다.

미국에서도 가정용 연료전지는 일찍부터 사장성이 주목되었다. 그러나 DOE, 프린스턴 대학, 디렉티드 테크놀로지스(Directed Technologies Inc.) 및 캐피탈 E(Capital E)에 의한 분석 결과, 적어도 미국에서 일반 가정은 연료전지 시장으로서 매력적인 존재가 아니라는 것을 시사하고 있다. 그 배경에는 가정용 연료전지가 방대한 그린하우스가스(GHG) 배출 삭감 효과를 발휘하지 못한다는 판단이 있는 것으로 생각된다. 그러나 가정용 연료전지 시장에서는 재검토할 필요가 있다는 의견도 제기되고 있다. 그 이유는 많은 PEFC 메이커가 이를 바라고 있을 뿐만 아니라, 많은 기업이 장래의 가정은 FCV용 수소 스테이션 역할을 부분적으로 수행하게 될 것으로 생각하고 있기 때문이다.

가정용 연료전지에 의한 환경 측면의 효과를 평가하기 위해 다음과 같은 시나리오를 상정할 수 있다. 소형 가정용 PEFC의 발전 효율은 천연가스를 가정했을 때 높아도 35%이거나 그 이하이다. 그런데 미국의 석탄 화력, 원자력, 수력발전을 포함한 모든 발전소에서 배출되는 CO_2 양에 대하여서는 열효율이 30%인 하나의 거대한 천연가스 발전소가 그리드(grid)의 모든 전력을 공급하고 있다고 가정한 모델로 대치하여 계산할 수 있다.

이 경우 가정용 PEFC는 발전에 있어서 상기한 천연가스 발전소와 동등하다고 한다면 PEFC는 배출열로 인해서 손실되는 열의 공급분만큼 천연가스의 소비량을 절약할 수 있다. 그리고 천연가스의 절약분만큼 CO_2 배출은 감소한다. 설비 용량이 커지면 유효하게 이용되지 않는 배출량이 늘어나므로 이처럼 감소하기 마련이다. DOE의 계산에 의하면, 가정용 PEFC 도입에 따른 CO_2 삭감 효과는 10% 이하에 지나지 않는다. 하지만 21세기에 새로 도입될 천연가스 발전소는 고효율의 콤바인드 사이클이고, 발전 효율은 55% 이상이다.

이와 같은 문제 인식은 10장에서 소개한 바와 같이 2004년 7월 21

일에 개최된 신에너지·산업기술 종합개발기구(NEDO) 심포지엄에서도 논의되었다.

3. 가정용 PEFC의 경제적 평가

매우 소용량의 가정용 PEFC는 환경 측면에서는 의미 있는 일이지만 경제적 관점에서 보면 어떤 평가를 하게 될까? PEFC가 가솔린 기관과 비용 면에서 경쟁할 수 있는 조건인 $50/kW 이하는 당분간 실현될 것 같지 않지만 정치식(定置式)에 있어서는 경쟁 가능한 비용 조건이 $500/kW이고, 이것이 가능해지는 시기는 비교적 빠를 것으로 예상된다.

가정용 연료전지의 경우 천연가스에서 수소를 얻어내기 위한 개질장치가 필요하다. 수소를 얻기 위해 전력을 사용하여 물 전해로 수소를 얻는 방법은 큰 에너지 손실을 초래하므로 가정에서는 천연가스의 수증기 개질이 가장 적합한 옵션으로 간주되고 있다. 또 가정에 직접 물을 공급하는 방법은 적어 가까운 장래에는 비용 면에서 유리할 것으로는 생각되지 않는다.

여하한 경우에도, PEFC가 허용될 만한 높은 순도의 수소를 공급할 수 있는 개질기의 상용화는 그렇게 간단하지 않다. 2003년 초반, 메이커는 고순도 수소로 운전하는 1kW PEFC를 $6,000의 가격으로 시장에 내놓기 시작하였다. 이 시스템은 연료인 수소탱크를 장비하고 있다.

2003년 6월, 플러그 파워(Plug power)사는 통신시설용 백업 전원으로서 출력 5kW PEFC를 $3,000의 가격으로 판매했다. 연료는 수소이고 1,500시간 전후의 발전이 가능하며, 10년간의 사용에 견디도록 설계되었다.

이 회사가 제안하고 있는, 개질기가 달린 또 다른 PEFC의 가격은 $10,000~12,000/kW이다. 이 가격은 현재 시점에서 일본의 PEFC 시스템에 비하면 저렴한 편이다. 비용은 급격하게 내려갈 전망이다. 디렉티드 테크놀로지스사가 예측하는 바와 같이 PEFC의 경우 출력 크기에 상관없이 비용은 크게 변화하지 않는다. 즉, 출력 규모가 크면 클수록 kW당의 가격은 싸진다.

예를 들면 20kW 유닛이 되면 최종 가격은 $1,500/kW가 가능할 것으로 추정되고 있지만, 2kW 유닛이면 $5,000/kW가 예상되고, 여기에 설치 비용도 문제가 된다. 예를 들면, 가정용 연료전지의 경우 배선공사와 온수 공급 혹은 열처리 시스템 접속에 고도의 전문가가 필요하다. 분석 결과에 의하면, 투자 대비 10%의 수익률을 메이커가 확보하기 위해서는 한 세대당 40센트/kW를 부과해야 할 것이라 계산하고 있다.

이는 미국의 일반 전력요금 8센트/kWh에 비하면 높은 값이다. 프린스턴 대학의 에너지 · 환경학센터(Center for Energy and Environmental Studies)의 분석도 마찬가지 결과를 보여준다. 이러한 계산 결과들을 보면 현재 시점에서는 한 세대용 PEFC 유닛이 경제적으로 실현될 것으로는 생각되지 않는다.

더욱이 이 해석은 PEFC 비용에 대하여 비교적 낙관적인 예측, 즉 대량으로 생산한다는 조건에 설치비용도 $1,000/kW 이하라는 가정 하에 이루어진 것이다.

또 하나 낙관적으로 보이는 것은 가정용 PEFC에 '넷 미터링(net metering)'이 적용된다는 가정이다.

넷 미터링이란 연료전지 시스템이 가정에서 소비되는 이상의 발전을 한 경우, 그 잉여 전력이 계통에 역송전(미터의 역회전)된다는 이용 패턴을 의미한다. 2003년 현재 약 절반의 주(州)가 태양광 발전과 연료전지에 이 제도를 적용하고 있다. 일본에서도 태양광 발전 등, 재생 가능 에너지에 대해 전력회사에 전기를 판매하는 제도가 적용되고 있지만 연료전지에 대해서는 이와 같은 제도가 없다.

그러나 미국의 이 제도는 가정에서의 연간 소비전력량을 초과하지 않는 범위에서만 비교적 비싼 소매가격으로 전력 회사에 매전(賣電)할 수 있게 되어 있다. 이를 초과한 전력량에 대해서는 전력회사가 대용량 발전소를 운전하기 위해 지불하는 비용과 동등한 전력 가격으로만 매입하게 되어 있다.

이 전력 가격은 평균 가정용 전기요금에 비하면 훨씬 싼 값이다. 따라서 가정의 연간 전력 소비량이 10,000kWh/년이고, 연료전지가 30,000kWh/년의 발전을 했을 때 그 발전량 중 10,000kWh은 비싼 소매

가격으로 판매할 수 있지만 나머지 20,000kWh는 훨씬 싼 요금으로 매전할 수밖에 없다.

전력회사로서는 야간과 같은 전력 부하가 적은 시간대에 수백만을 웃도는 소규모 발전소들의 전력을 기필코 사들이게 된다면 커다란 손실을 자초하는 꼴이 된다. 또 이 시간대에는 전력수요가 낮기 때문에 연료전지는 전력을 과잉 공급하게 된다.

앞에서 설명한 바와 같이 출력용량이 큰 연료전지를 가정에 설치한다는 것은 에너지 절약의 관점에서나 GHG 배출과 관련되는 환경성 관점에서나 온당한 장점을 발휘한다고는 평가할 수 없다.

프린스턴 대학 연구원인 톰 크렌츠(Tom Krentz)는 "넷 미터링 제도는 연료전지에서 발전 능력의 극히 일부에만 효력을 발휘할 수 있고, 재생 가능 에너지 도입 이상의 가치를 갖는다고는 생각되지 않는다."라고 술회하고 있다.

또 하나의 현실적인 측면은 상업용 빌딩을 대상으로 하는 연료전지에서 논의되는 것과 마찬가지로, 가정에 이미 설치되어 있는 온수기나 열 공급 시스템을 대체하여 연료전지를 도입하는 것은 신축 가옥에 도입하기보다 경제적으로 훨씬 불리하다는 것이 문제다.

이미 열 공급 시스템을 설치한 가정은 그에 대한 시설비를 먼저 치렀고, 이를 대체하는 연료전지는 기존 설비의 상각(償却)된 가격과 경쟁해야 하기 때문이다. 배관공이나 전기공사업자는 연료전지 설치 공간을 확인한 연후에 어떻게 그것을 동작시킬 것인가를 생각해야 한다.

연료전지 도입을 전제로 설계된 신축 가옥에 대한 시설은 기존 가옥과 비교하면 훨씬 용이하다. 그러나 기존 가옥에 도입하는 시장에 비해 신축 가옥 시장이 작다는 것을 인식해야 한다.

4. 가정용 연료전지 시장

연료전지 연료를 천연가스에 의존하려는 선택은 미국에서 독특한 또 다른 문제를 안고 있다. 21세기 들어 최초 몇 해 동안 수많은 미국인은 천연가스값이 두 번이나 폭등한 경험을 갖고 있다. 그러한 경험을 통해 많은 사람이 연료의 다양화를 추진하자는 생각은 하겠지만 전력까지도 천연가스에 의존하려고 하겠는가?

이상 기술한 점은 가정용 연료전지, 특히 천연가스 개질형 PEFC 시장을 분석한 것으로, 일본에 비하면 그 결과가 비극적인 듯한 느낌이 들지만, 앞에 소개한 조셉 롬은 다음과 같이 결론 내리고 있다. "가정용 PEFC 시장이 전망이 없다는 것은 아니다. 전력 송배전망과 발전소 건설이 어렵고 전력 가격도 매우 비싼 지역이 미국뿐만 아니라 세계 여러곳에 존재한다. 이는 작은 시장일지는 몰라도 가정용 연료전지로서는 확실한 시장이다. 특히 크고 에너지 수요가 많은 가옥의 경우 PEFC 도입이 가치를 발휘한다. 연료전지 시장을 생각하는 사람은 먼저 가정용에 주목하는데, 가정용 연료전지, 특히 PEFC를 전제로 하는 시장은 널리 알려진 만큼 매력적이지는 않다."라는 것이다.

2000년에는 DOE가, 2003년에는 베를린 수소·연료전지연구센터(Fuel Cell and Hydrogen Research Center)가 수행한 연구는 SOFC가 가정용 연료전지로서 보다 강력한 후보가 될 수 있음을 시사한다. SOFC는 효율이 높고 비싼 개질기가 필요 없으며, 배출하는 열의 이용가치도 높기 때문이다. 그러나 SOFC는 매우 고온에서 작동하기 때문에 기동에 여러 시간이 필요하다. 이와 같은 특성이 질 좋은 전력을 연속적으로 필요로 하는 상업과 공업 분야에서 평가를 받는 이유이다. 뒤에 기술하는 바와 같이 SOFC는 코제너레이션용 전원뿐만 아니라 트리제너레이션용 전원으로서의 이용이 검토되고 있다. 트리제너레이션이란 전력, 열 및 수소 생성을 적절하게 조합한 운전 방식을 이르는 것으로, SOFC처럼 정상적으로 운전을 계속하는 형태에 적합한 이용 방법이다. SOFC로 이 프로세스를 실시하면 $2,000/kg의 저렴한 가격으로 수소를 획득할 수 있을지 모른다.

5. 가정용 전원으로서의 FCV 이용

연료전지 자동차는 높은 비용이 상용화를 가로막는 요인 중 하나로 여겨지고 있다. 높은 비용의 FCV에 경제적으로 어떤 유효한 가치를 부가함으로써 실질적으로 FCV 비용을 낮추고, 그 결과 FCV 시장 진입을 촉진시킬 수 있을 것인가? 대다수 운전자의 경우 하루 24시간 중 실제로 운전하는 시간은 10%에도 미치지 못한다. 자동차를 운전하지 않는 시간대에는 전력을 다량으로 소비하는 장소, 즉 가정이나 사무실, 공장 등에 있을 것이고, 차는 그 가까이에 주차해 둔다.

많은 분석가는 주차 중인 표어를 전력 계통에 접속하여 연료전지를 자동차용의 동력원으로 뿐만 아니라 정치식(定置式) 발전소로도 이용하자는 구상을 제안하고 있다. 2002년에 제레미 리프킨(Jeremy Rifkin)은 그의 저서 『수소 혁명(The Hydrogen Economy)』에서 "만약 극소수의 드라이버가 자동차를 발전 플랜트로 이용하고, 그 전력을 전력 계통에 송전한다면 미국 발전소 대부분은 불필요해질 것이다."라고 지적한 바 있다. 그러나 미국의 전력수요 중 상당한 비중이 FCV에 의해 충당되는 일은 앞으로 30년 이내에 실현되기 어려울 것이다. 기술, 비용, 인프라 문제가 가로막고 있기 때문이다.

여기서 전력 비용과 GHG 배출 문제를 고찰해 보자. 적어도 지금으로부터 20년 후까지는 수소의 주요 생성 프로세스가 천연가스 개질일 것이다. 이와 같은 개질가스를 사용하여 저온형 PEFC로 발전시킨 경우 이 전력 비용은 $0.19/kWh가 될 것으로 예상된다. 이는 미국 평균 전력 가격의 2.5배에 해당한다. 이 계산 결과는 캘리포니아주와 로스앤젤레스가 해석해 발표한 것이다. 그렇다면 환경 면에서는 어떤 효과가 기대되는 것일까? 가장 최첨단 발전 플랜트인 천연가스 콤바인드 사이클 발전과 비교할 경우 PEFC의 CO_2 배출량은 50% 이상 늘어난다. 또 고온형 연료전지와 가스터빈에 의한 콤바인드 사이클의 CO_2 배출량을 비교 대상으로 하면 연료전지 발전은 2배가 된다. 그리고 이와 같은 발전 기술, 즉 SOFC와 가스터빈에 의한 콤바인드 사이클은 2020년경에는 실험 단계에 들어설지 모른다.

이미 설명한 바와 같이 천연가스를 기초로 동작하는 PEFC 자체의 발전 효율은 그다지 높지 않다. 정치식에서는 코제너레이션에서의 효율과 GHG 배출 양면에서 효과가 있다. 그러나 자동차용 연료전지에서는 코제너레이션으로서의 이용이 현실적으로 곤란하다. FCV를 전력 계통에 접속하기 위해서는 값비싼 전자 장치가 필요하고, FCV에서 배출되는 열을 가정 난방이나 온수 시스템에 도입하기 위해서는 매우 어려운 과정이 뒤따른다. 주차장이 건물에서 멀리 떨어져 있는 경우를 상상할 때 그 전용으로 새로운 덕트나 열교환기를 도입한다는 것은 현실적이지 않다. 게다가 가정의 수요를 감당하기 위한 것이라면 출력이

1kW급인 연료전지만으로도 충분하지만 FCV 출력은 60~80kW이다.

또 다른 큰 문제점은, 가정이나 사무실 밖에 주차돼 있는 FCV에 대한 수소 공급 방법이다. FCV에 축적돼 있는 수소를 모두 써 버렸을 때 비교적 적은 양의 수소를 공급하는 경우라면 그 수소는 매우 고가가 된다. 원사이트에서 수소를 생성하는 방법은 아마도 비용이 높아질 것이다. 앞에서 논의한 바와 같이 수소의 생성 유닛, 더욱이 수소의 순도를 높이기 위한 정제 유닛은 고가이고, 또 천연가스 가격도 대규모 이용자가 지불하는 액수보다 높아지게 된다. 또 원사이트의 수소 저장은 안전성 측면에서 까다로운 문제를 제기한다.

초장기적 측면에서 궁극의 방책은 재생 가능 자원에서 모름지기 물 전해에 의해 탄소가 없는 프로세스로 수소를 생산하는 것이라고 하지만 이 방법은 합리적인 것이라고 생각되지 않는다. 이는 다음과 같은 논리에 따르면 명백하다.

우선 값비싼 물 전해 장치에서 전력이 소비된다. 그리고 획득된 수소를 먼 거리까지 수송하고, 다시 FCV에서 저온형 연료전지에 의해 전력으로 변환된다. 이와 같은 복잡한 과정을 거치는 동안 아마도 절반 이상의 에너지가 소실될 것이다.

자동차용 연료전지는 보통 4,000시간 정도의 사용을 전제로 설계된다. 이것은 운전 시간 비율로 따져 약 10년간의 내구성을 의미한다. 그러나 4,000시간의 내구성은 정상적인 발전에 적용하는 경우 1년도 채우지 못하는 기간이다. 정치식 발전용 연료전지는 40,000시간 이상의 내구성이 요구된다. FCV에 대해서는 $100/kW 이하라는 엄격한 비용 요구를 만족시키는 대신 내구성에 대한 보장은 정치식에 비하여 덜한 것이다.

2003년 현재, 내구성 1,000시간을 실현하기는 어렵다는 것을 알게 되었다. 비용 및 성능에 관한 목표 모두 만족시킬 만한 요구는 매우 어렵다는 것이 밝혀진 이상, 자동차용과 정치용에 같은 하드웨어를 적용하는 것은 현명한 선택이라 생각되지 않는다.

〈참고문헌〉

Joseph J. Romm: *The Hype about Hydrogen*, ISLAND PRESS, 2004

6. 수소연료전지 선도계획

부시(Bush) 미국 대통령은 2003년, 의회에서 이른바 '수소연료전지 선도계획(Hydrogen Fuel Initiative)'이라는 명칭의 수소에너지 사회를 위한 프로젝트를 발표하고 그에 필요한 12억 불의 예산안을 제출했다.

이 프로젝트가 목표하는 바는 현재 증가 추세를 보이는 석유 수입 의존도를 감소시킴과 동시에 GHG 배출을 줄이려는 데 있었다.

보다 구체적으로는 수소와 연료전지 기술 개발 및 수소 인프라 정비를 추진함으로써 2020년까지 많은 미국인이 운전할 수 있는 환경을 만들어 내려는 것으로 평가받고 있다.

이와 같은 프로젝트를 실제로 운영하는 데 있어 첫 번째 책임을 맡은 것은 DOE이고, 이를 담당하는 부서 중 하나는 '수소 및 연료전지 기술 발전 사무소(Office of Hydrogen, Fuel cells and Infrastructure Technologies, OHFCIT)로, 연료전지와 수소 기술의 성능 향상과 비용 절감을 목표로 한 수소 및 연료전지 기술 개발을 주도하고 있다.

또 기초에너지과학사무국(office of Basic Energy Science, BES), 화석에너지국(office of Fossil Energy, FE), 핵에너지 및 과학기술국(office of Nuclear Energy Science & Technology, NEST)은 수소와 연료전지를 관련시킨 매우 광범위한 개발 과제를 채택하여 연구 개발을 위한 자금을 투입하고 있다. 그중에서도 NEST는 고온가스에서 발생하는 열을 이용하여 수소를 생성하는 기술을 2017년까지 상용화 단계로 진입시키기 위한 연구 개발을 진행하고 있다.

2005년도 DOE의 예산 요구액은 합계 2억 2,700만 달러이고, 그 배분 내역은 [그림 11-1]과 같다.

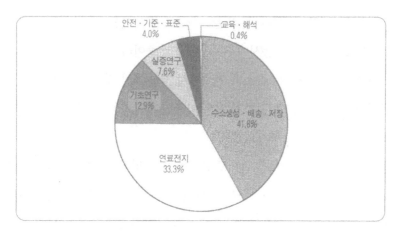

그림 11-1 | 2005년도 미국 DOE 수소 관련 예산 내역

7. 수소 생성 · 저장 기술의 목표와 과제

앞에서도 기술한 바와 같이 DOE는 광생물학(photo-biological)이나 광화학(photochemical) 수소 생성과 핵연료에서 수소를 생성하는 것을 포함한 매우 광범위한 혁신적인 수소 생성 관련 기술 개발을 지향하고 있으며, 단기적으로는 천연가스, 석탄, 바이오매스에 적용 가능한 개질, 시프트 반응, 수소 분리, 클린업의 각 컴포넌트에서 기술적 난제를 극복함으로써 저렴한 비용으로 수소를 생산하는 기술 확립을 목표로 하고 있다.

DEO의 발표에 의하면 최근 몇 년 사이 이 분야에서 현저한 기술 진보를 보이며 수소의 경우 $3.60/gasoline-gallon, 전력은 $0.08/kWh

의 가격이 실현 가능하다는 것을 실증하였다. 이는 중앙 및 분산형 수소 스테이션에 적용 가능한 수소 생성 기술이다.

한편, 수소를 저장하는 기술의 경우 첫째로 FCV의 주행 거리로 480㎞가 가능한 차량 적재 수소 저장 기술의 실현을 목표로 하고 있다. 2004년 4월, DOE는 중량당·용적당 수소 저장 밀도 및 가격에 대하여 각각 2.0㎾h(6wt%), 1.5㎾h/litter 및 $4/㎾h를 2010년에 실현하는 것을 목표로 $1억 5,000만의 프로젝트를 발족시켰다.

그리고 수소 저장 기술 개발에 관해서는 최우수 국립 연구 기관으로 샌디아 국립연구소(Sandia National Laboratories, 수소화 금속화합물), 로스 앨러모스 국립연구소(Los Alamos National Laboratory, 유기·무기계 수소화물), 국립 재생에너지 연구소(National Renewable Energy Laboratory, 탄소계 재료)를 선정했다.

물론 DOE는 이와 병행하여 고압 수소가스 탱크, 액체 수소를 저장하는 기술 개발도 진행하고 있으며, 이와 같은 연구 개발을 뒷받침하기 위해 사우스웨스트 연구소(Southwest Research Institute, SwRI)가 독립적인 실험 설비를 마련하여 재료와 시스템 성능을 시험하는 역할을 담당하게 되었다.

8. 자동차용·정치식 연료전지의 연구개발

PEFC에 관해서는 자동차용 동력원, 정치식 코제너레이션 및 휴대용 전원으로서의 실용화를 달성하기 위해 고효율, 낮은 비용 실현, 고속 기동 성능을 목표로 한 기술 개발이 추진되고 있다.

FCV에 관해서는 수소 연료로 동작하는 PEFC 및 FCV에 수소를 공급하는 인프라 관련 기술 개발이 당면한 목표이지만 휘발유, 메탄올, 에테르, 천연가스, 기타 탄화수소 연료를 차량 위에서 개질하기 위한 기술 개발도 또 다른 목표로 내걸고 있다. 차상 개질의 성능 목표지수는 2004년에 결정되었으며, OHFCIT 계획의 목푯값은 [표 11-1]과 같다.

PEFC 스택에 대해서는 그 핵을 형성하는 MEA의 성능과 내구성 향

연료전지 유닛 또는 시스템의 종류	목푯값
수소 연료 FCV용 시스템	효율: 60% 비용: $45/kW(2010), $30/kW(2015)
개질형 FCV용 시스템	효율: 45% 비용: $45/kW(2010), $30/kW(2015)
천연가스 혹은 프로판으로 동작하는 분산형 전원 시스템	발전 효율: 40%, 내구성: 4만시간 비용: $400~750/kW(2010)
휴대용 전원	에너지 밀도: 1kW/L(2010)
보조전원 유닛(3~30kW)	출력밀도: 150W/kg, 170W/L(2010)

표 11-1 | 연료전지 시스템의 성능 목표

상, 낮은 비용 실현을 목표로 하는 연구가 중점적으로 추진되고 있다.

DOE는 산업계와 공동으로 백금 촉매의 사용량을 감소, 또는 백금을 대체할 새로운 촉매의 개발, 고온동작(FCV용은 120℃, 정치식 전원용에서는 150℃)이 가능하며 불순물 내성이 높은 MEA의 개발, 대량 생산기술 확립 등을 중점 항목으로 개발 활동을 전개하고 있다.

이와 같은 분야에서 최근 현저한 성과로는 로스앨러모스 국립연구소가 양극, 즉 백금 촉매 밀도가 $0.2mg/cm^2$인 MEA에서 1,000시간에 이르는 내구성을 실증했고, 출력 50kW의 FCV용 PEFC 스택에 관해서는 대량생산 때 $175/kW의 비용이 실현된 것 등을 들 수 있다.

이제까지 설명한 하드 면에서의 연구 개발에 부가하여, DOE는 수소에너지를 사회에 도입하기 위한 규제 완화와 새로운 법률 정비 확립, 안전기준 책정, 표준화 등 소프트 면에서도 상당한 자금을 투입하여 적극적으로 대처하고 있다.

9. International Partnership for the Hydrogen Economy(IPHE)

현재 전 세계의 많은 나라는 수소 및 연료전지 기술에 흥미와 문제의식을 동시에 갖고 있다. 미국, UE, 일본, 오스트레일리아, 캐나다, 아이슬란드, 이탈리아 및 영국은 이와 관련된 기술 개발을 본격적으로 추진하고 있으며, 중국은 표어를 시험 제작하여 실증 운전하는 프로젝트

를 조직하였다. 또 인도는 수소에너지 기술 개발 로드맵을 만들기 시작
했다.

2003년 4월 28일, 미국 DOE의 스팬서 아브라함(Spencer Abraham)
장관은 위에 거명한 나라들에 대하여 수소에너지 사회 실현을 향한 공
유 과제와 정책들을 논의하기 위한 파트너십 창설을 제기하였다. 그리
고 2003년 11월 20일 제11회 IPHE 회의가 워싱턴에서 개최되어 세계
15개국과 유럽공동체는 수소 및 연료전지 관련 기술 상용화를 목표로
국제협력에 의한 개발 연구를 추진하기 위한 기구 창설을 논의했다.

결과적으로 IPHE 운영을 관장할 운영위원회(Steering Committee)
와 개별적인 협력 과제를 논의하는 실행 및 연락위원회(Implementation
and Liaison)가 설립되어 DOE가 사무국을 인수하게 되었다.

IPHE의 궁극적인 목표는 파트너십에 참가하는 나라의 소비자들이
시장에서 가격 경쟁력이 있는 수소 연료 자동차를 자유롭게 선택 · 구입
하고 자택이나 직장에서 가까운 곳에 수소를 충전할 수 있는 사회 환경
을 실현하는 것이다. 그리고 2020년까지 소비자들이 부담 없는 가격으
로 수소를 공급받을 수 있는 틀을 실현할 것을 강조하고 있다.

10. IEA-HIA

국제에너지기구(International Energy Agency, IEA) 수소 프로그램 (Hydrogen Implementing Agreement, HIA)은 25년에 걸쳐 수소 기술에 관한 국제적인 연구 개발 협력을 조직하고 이를 주도해 온 단체다. 현 참가국은 15개국을 웃돌며 증가 추세에 있다. IEA-HIA는 수소의 생산 · 저장 · 변환 · 수송 · 안전성 및 시스템에 관한 장기적 전망을 세우고 연구 개발 과제뿐만 아니라 시장과 경제성에 대해 평가도 해 왔다.

국제에너지기구 산하 에너지연구기술위원회(Committee on Energy Research and Technology, CERT)는 HIA의 전략 프로젝트인 '수소 연구 개발 및 실증에 관한 제2세대 계획'(2004~2009년)을 승인하였다.

아이슬란드, 새로운 에너지의 작은 선진국

교토 의정서가 발표되면서 CO_2 삭감은 미룰 수 없는 과제가 되었다. CO_2 배출량을 줄이기 위해서는 에너지 절약은 물론, 태양광이나 풍력발전, 바이오매스 이용, 연료전지 도입 등 새로운 에너지 기술의 도입이 기대된다. 그리고 최종 목표로 원자력이나 재생 가능 에너지를 기본으로 하는 수소에너지 경제사회로 옮겨가는 것을 장기 과제로 논의하고 있다.

그러나 수소에너지 경제 실현은 그렇게 간단한 사업이 아니다. 이를 실현하기 위해서는, 예컨대 연료전지 자동차를 보급할 경우 연료전지의 비용 절감뿐만 아니라 광범위한 수소 공급 인프라 구축 등의 기술 개발, 방대한 경제적 부담까지 각오해야 한다.

그런데 재생 가능한 자원을 바탕으로 수소경제 사회를 진정으로 실현하려는 국가가 있다. 바로 아이슬란드이다. 이 나라는 북대서양에 있는, 불과 28만 명 인구의 작은 섬나라로 대부분이 수도인 레이캬비크에 거주하고 있다. 따라서 나라 전체가 하나의 도시라고 해도 과언이 아니다.

위치상으로는 북극권에 인접해 있지만 연안 흐름의 영향으로 기온이 비교적 온난하다. 또 국민의 문화 의식이 높고, 매우 풍부한 천연자원, 높은 교육 수준, 경제의 번영, 환경에 대한 높은 관심까지 겹쳐 세계적으로 독특한 문화를 만

들어 내고 있다.

아이슬란드는 지열, 수력, 풍력 등 재생 가능 에너지가 풍부한 나라다. 현재 건물의 90%에 지열이 도입되었고, 고온의 지열은 산업 프로세스와 발전에 이용되고 있다. 댐에 담겨 있는 수량(水量)은 방대하며 현재의 수력발전 시설용량은 약 1,000MW이고 연간 발전량은 680만 MWh에 이른다. 또 해안에 풍력발전기를 건설하면 충분한 풍력 에너지 자원을 확보할 수 있다.

분석에 따르면 240기의 풍력발전 플랜트에 의해 자동차와 어선 등의 동력원으로 소비되는 화석연료에 상당하는 에너지양을 풍력으로 대체할 수 있다고 한다. 따라서 아이슬란드는 재생 가능 에너지 개발을 늘릴 수 있을 만큼 탄소가 배제된 수소 연료를 생산하는 데 충분한 자연환경을 보유하고 있다.

현재 아이슬란드가 보유한 재생 가능 에너지 자원 중 이미 개발된 것은 불과 17%로 추정되고 있다. 수력과 지열만으로도 그 자원량은 현재 개발 전체 용량의 3배에 이른다.

한편 아이슬란드처럼 좁은 지역에 인구가 집중되는 사회적 환경에서는 자동차나 어선 등의 교통수단에 수소를 이용하는 것이 매우 유리하다. 자동차에 수소를 공급하기 위한 수소탱크는 광대한 지역에 널리 분포시킬 필요가 없다. 따라서 미개발된 재생 가능 에너지 자원 일부를 개발하여 수소 생성에 이용함으로써 운수 교통 분야와 어선들이 소비하는 석유 전량을 수소로 대체할 수 있다.

전 세계 많은 이들이 아이슬란드를 무탄소사회, 혹은 수소경제 사회의 시험장으로 여기는 이유가 바로 여기에 있다.

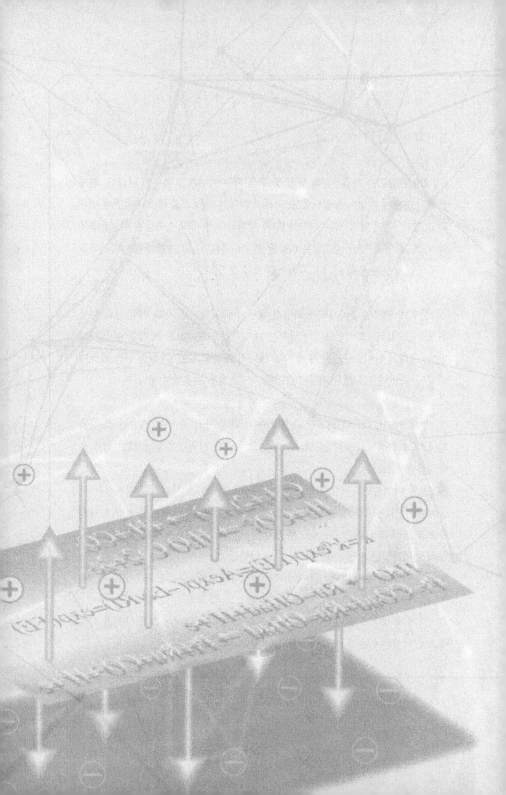

[부록]

기초 이론·용어 해설

1. 열역학 이론

(1) 엔탈피와 깁스 에너지의 정의

어떤 계의 내부 에너지를 U, 열역학 온도(절대온도)를 T, 압력을 p, 용적을 V, 엔트로피를 S라 했을 때

$$H = U + pV \quad \text{………………………………………} \quad \text{(부 1-1)}$$

를 엔탈피(enthalpy)라고 한다. 또

$$G = U + pV - TS \quad \text{………………………………} \quad \text{(부 1-2)}$$

로 정의되는 함수를 깁스의 에너지(Gibbs energy), 혹은 깁스 자유에너지(Free Energy)라고 한다. 모두 에너지의 차원을 가지며, 에너지 상태 혹은 '퍼텐셜(potential)'을 나타내는 온도와 압력의 함수이고, 그 기본 단위는 J/mol이다. 식 (부 1-2)에 식 (부 1-1)을 대입하면

$$G = H - TS \quad \text{……………………………………} \quad \text{(부 1-3)}$$

이 된다. 단, 여기서 말하는 퍼텐셜이란 넓은 의미로, 이를테면 '전위(electrical potential)'를 의미하는 협의의 퍼텐셜은 아니다.

물체를 높은 곳에서 낮은 곳으로 떨어뜨리거나 굴렸을 때 그 물체가 가지고 있는 위치에너지의 감소분이 열 등 다른 형태의 에너지로 되어 방출된다.

이와 같은 이치로 계의 상태 변화에 따른 엔탈피나 깁스 에너지의 감소량은 열이나 역학적 혹은 전기 에너지 등 다른 형태의 에너지로 외부에 방출된다. 결론적으로 엔탈피의 감소량은 열의 방출량을 나타내고, 깁스 에너지의 감소량은 역학적인 일 혹은 전기적 에너지의 방출량과 같아진다.

이를 설명하기에 앞서 열역학의 제1법칙 및 제2법칙부터 먼저 살펴보자.

(2) 열역학 제1법칙과 엔탈피 변화

열역학 제1법칙은 엔탈피 보존의 법칙이며

$$dU = dQ - pdV \cdots\cdots\cdots\cdots\cdots\cdots\cdots\cdots\cdots\cdots \text{(부 1-4)}$$

로 나타낸다. dQ는 계에 대하여 외부에서 가해지는 열량이다. 식 (부 1-4)는, 계가 가지는 내부 에너지 U(계가 갖는 모든 에너지의 합계)가 외부에서 가한 열량만큼 증가하고 외부에 대하여 소비한 일의 양, 즉 팽창에 수반되는 일량만큼 감소하는 것을 나타내고 있다. 단, 모두 미소한 변화를 상정하여 dU, dQ, dV로 기록하고 있지만 엄밀하게 dQ는 상태량의 변화는 아니므로 전미분으로 표시하는 것은 정확하지 않고 δQ로 적어야 온당할 것이다. 하지만 간단하게 나타내기 위해 여기서는 dQ로 표기하기로 한다. 또 계와 외부 사이에 주고받음이 이루어지는 모든 양은 고찰 대상인 계로의 입력량으로 정의하므로 계가 외부에 대하여 일을 하거나 열 등을 방출하는 경우 이들 양은 음의 값을 취한다.

식 (부 1-1)의 양변을 단순하게 미분하면

$$dH = dU + pdV + Vdp$$

이 된다. 여기서 계가 압력이 일정한 상태에서 변화했다고(정압변화) 하면 위의 식은

$$dH = dU + pdV$$

이 된다. 여기서 식 (부 1-4)를 대입하면

$$dH = dQ_p \quad \cdots\cdots\cdots\cdots\cdots\cdots\cdots\cdots\cdots\cdots\cdots\cdots\cdots\cdots\cdots\cdots \text{(부 1-5)}$$

로 나타낼 수 있다. 여기서 첨자 p는 정압변화를 나타낸다. 즉, 일정 압력 아래서 외부에서 열량이 가해지면 그 열량분만큼 엔탈피가 증가하는 것을 표시하고 있다. 반대로 dH가 마이너스 값이 되면 그 절댓값과

같은 열량이 외부로 방출된다.

(3) 열역학 제2법칙

열역학 제2법칙은 비가역성을 나타낸 법칙이다. 고온의 물체와 저온의 물체가 접속하면 열은 자연히 고온에서 저온을 향하여 흐르며 그 반대 현상은 자연에서 일어날 수 없다. 만약 저온에서 고온 방향으로 열이 흘러내리게 하려면 외부에서 에너지를 가해야만 한다. 우리 주변에서 볼 수 있는 현상으로서는 '공조(空調)'를 예로 들 수 있다. 또 수용액 속에 잉크를 떨어뜨렸을 때 잉크가 물속에 확산되는 현상도 비가역적 현상이다. 이 열역학 제2법칙은 '엔트로피 증가의 법칙'이라고도 하며, 엔트로피 S는 개념적으로는 '불규칙성'을 나타내는 파라미터이고, 열을 주고받는 관계에서는

$$dS = dQ/T + dS_{irr} \qquad dS_{irr} \geq 0 \quad \cdots\cdots\cdots\cdots\cdots \text{(부 1-6)}$$

로 나타낸다. S에 붙는 첨자 irr는 비가역(irreversible) 과정을 표시하는 기호이고, dS_{irr}는 마이너스 값을 취하지 않는다. 이것은 자연에서 규칙성이 높은 상태로부터 불규칙성을 증가시키는 방향으로 상태가 변화하는 경우는 있지만 그 반대 과정은 자발적으로 일어나지 않는다는 것을 의미한다.

(4) 깁스 에너지 변화와 연료전지의 발전 출력

전지와 연료전지의 전기화학 반응을 논의하기 위해서는 식 (부 1-6)에 나타낸 열역학 제1법칙(에너지 보존법칙)에 외부에서 계에 가해지는 전력량 W_{el}에 의한 효과를 가하지 않으면 안 된다. 이 경우 식 (1-4)는

$$dU = dQ - pdV + dW_{el} \cdots\cdots\cdots\cdots\cdots\cdots\cdots\cdots \text{(부 1-7)}$$

와 같이 고쳐 쓸 수 있다. 한편, 식 (부 1-3)을 미분하면

$$dG = dU + pdV + Vdp - TdS - SdT$$

이 되지만 압력, 온도 모두 일정한 조건에서 변화한다고 가정하고 식 (3-6) 및 식 (부 1-7)을 고려하면 dG는

$$dG = dU + pdV - TdS$$
$$= dW_{el} - TdS_{irr}$$

이 된다. 앞에서 설명한 바와 같이 dS_{irr} 및 T 는 모두 마이너스가 되지 않으므로 위의 식은

$$-dW_{el} \leq -dG \quad \text{(압력 및 온도 T는 일정)} \cdots\cdots\cdots \text{(부 1-8)}$$

처럼 바꾸어 쓸 수 있다. 식 (부 1-8)은 외부로 방출하는 전력량(발전량)의 최댓값이 계의 변화에서 깁스 에너지의 감소량과 같다는 것을 나타내고 있다. 즉 식 (부 1-6)은, 이를테면 수소를 연료로 하여 동작하는 연료전지의 경우 그 발전량은

$$H_2 + 1/2O_2 \rightarrow H_2O$$

의 전기 화학 반응에서의 깁스 에너지의 감소량 $-\Delta G$ 보다 커지지 않는다는 것을 기술하고 있다. 전지 안의 반응이 모두 평형 상태를 유지(가역적 변화)하면서 진행할 때 발전량은 $-\Delta G$ 와 같아진다. 이 ΔG 는 '반응 깁스 에너지(reaction Gibbs Energy: J/mol)'라고도 한다. 연료전지의 전기 화학적 반응에서 n개(nmol)의 전자가 관여한다고 하면 이 연료전지의 기전력 E와 깁스 에너지의 감소량 $-\Delta G$ 간에는

$$nFE = -\Delta G \cdots\cdots\cdots\cdots\cdots\cdots\cdots\cdots\cdots\cdots\cdots\cdots \text{(부 1-9)}$$

의 관계가 성립한다. 여기서 F는 패러데이 상수(96485c/mol)다. 식 (부 1-9)로 구할 수 있는 E를 가역 전지의 기전력이라고 한다. 이것은 전지 안 전하의 이동과 화학 반응이 모두 평형 상태를 유지하고, 전지 안에 흐르는 전류가 0인 상태의 단자 간 전압이다.

식 (부 1-3)에서 연료전지의 전기 화학 반응에 수반되는 H, G, S의

변화량은

$$-\Delta H = -\Delta G - T\Delta S \qquad -T\Delta S > 0$$

가 되는데, 이는 연료의 발열량 일부가 전기 에너지로 변환되고 남는 부분(-TΔS)이 열로 방출되는 것을 뜻한다. 이 열 부분이 열병합발전(코제너레이션)에서 열 공급을 담당하고 있다.

또 연료전지의 열역학적인 이론효율 η_{th}는 전기 화학 반응에서 G 및 H의 변화량을 써서

$$\eta_{th} = \Delta G / \Delta H$$

에 의해 정의된다.

〈참고문헌〉
1) 玉虫怜太, 高橋勝緒：「エッセンシャル電気化学」「東京化学同人」第1章, 第3章, 2001年3月
2) 秀島武敏：「現代物理化学講義」「倍風館」3章, 4章, 8章, 1999年11月

2. 활성화 과전압 계산

Tefel의 식, 교환전류 밀도의 설명과 유도

(1) 전류와 전극 반응 속도

연료전지가 발전을 하려면 전류를 외부로 이끌어 낼 필요가 있으며, 정상적으로 전류가 흐르기 위해서는 양극 및 캐소드에서 전극 속의 전자와 전하질 속의 이온 간의 전하를 주고받음이 같은 속도로 진행돼야 한다. 전하를 주고받는 속도는 전하의 수수(giving and receiving)에 수반되는 화학 반응(산화 환원 반응) 속도에 비례하므로 전류의 크기는 전지 안에서 진행하는 화학 반응 속도에 비례한다.

PEFC의 경우 애노드에서는 수소의 산화 반응이, 캐소드에서는 산소의 환원 반응이 일어나는데, 이와 같은 전극 반응을 일반화하여 논의하기 위해 다음과 같은 1mol의 산화체와 환원체로 구성되는 산화환원계의 전극 반응에 대하여 고찰하겠다. 이 계에서는 산화체 Ox의 1mol과 환원체 Red의 1mol이 nmol의 전자를 수수함으로써 전극에서 산화 및 환원 반응이 진행하여 전류가 발생하게 된다. 즉

산화 반응 : $Red \leftrightarrow Ox + ne^-$ ································· (부 2-1)

환원 반응 : $Ox + ne^- \leftrightarrow Red$ ································· (부 2-2)

이다. 미소 시간 dt에서 Red와 Ox의 변화량 및 전자 이동량은 절댓값

을 각각 $|dnR|$, $|dnO|$ 및 $|dne|$ 로 표시할 때 반응 속도 v는 화학량론적으로

$$|v| = |dnR|/dt = |dnO|/dt = 1/n|dne|/dt$$

로 되고 1mol의 전자가 갖는 전하량이 끈인 사실을 고려하면 상기 반응에 의해 흐르는 전류의 절댓값은

$$|I| = F|dne|/dt = nF|v| \quad \cdots\cdots\cdots\cdots\cdots\cdots\cdots\cdots\cdots \text{(부 2-3)}$$

처럼 표기할 수 있다. 단, F는 패러데이 상수(96485C/mol)다. 전극 반응에 바탕한 전류 I는 패러데이 전류(faradaic current)라고 한다. 식 (부 2-1)과 (부 2-2)의 반응은 역방향이고 각각에 의한 전류 방향은 반대가 된다. 전기 화학에서는 산화 방향에 대응하여 흐르는 전류를 플러스, 환원 방향에 대응하는 전류를 마이너스로 하므로 식 (부 2-1)과 (부 2-2)의 반응에 의한 전류 I_a 및 I_c는

$$I_a = nF|v| > 0$$
$$I_c = -nF|v| < 0$$

로 표시되고, I_a 및 I_c를 각각 부분 양극 전류 및 부분 캐소드 전류라고

한다. 산화 방향과 환원 방향의 반응은 항상 존재한다고 생각되는데, 우리가 직접 관측할 수 있는 전류는 양자의 합계이고, 이것을 전전류(全電流)라고 한다. 전전류 I는

$$I = I_a + I_c \quad\cdots\cdots\cdots\cdots\cdots\cdots\cdots\cdots\cdots\cdots\cdots\cdots\cdots (\text{부 } 2\text{-}4)$$

가 된다. 따라서 $I_a > -I_c$이면 $I > 0$, 즉 전체로서의 전극 반응은 산화 방향이고, $I_a < -I_c$이면 $I < 0$로 전체적인 전극 반응은 환원 방향이 된다.

식 (부 2-1)의 산화 반응 속도 v_{Ox}는 전극 표면의 Red의 농도 [Red]와 전극 표면적 S에 비례하고 식 (부 2-2)의 환원 반응 속도 v_{Red}는 Ox의 전극 표면의 농도 [Ox]와 전극 표면적 S에 비례한다고 가정하면 식 (부 2-3)을 사용하여

$$I_a = nFSk_{Ox}[Red] \quad\cdots\cdots\cdots\cdots\cdots\cdots\cdots\cdots\cdots\cdots (\text{부 } 2\text{-}5)$$

$$I_c = -nFSk_{Red}[Ox] \quad\cdots\cdots\cdots\cdots\cdots\cdots\cdots\cdots\cdots (\text{부 } 2\text{-}6)$$

이 얻어지고 전전류 I는 식 (부 2-4)에 의해서

$$I = nFS(k_{Ox}[Red] - k_{Red}[Ox]) \quad\cdots\cdots\cdots\cdots\cdots\cdots (\text{부 } 2\text{-}7)$$

가 된다. 여기서 k_{Ox} 및 k_{Red}는 각각 산화 방향 및 환원 방향의 전극 반응

에 관한 속도상수이다.

(2) 활성화 에너지

이미 설명한 바와 같이 전기 화학 반응을 포함한 일반 화학 반응은 계가 갖는 에너지가 높은 상태(반응계)에서 낮은 상태(생성계)로 진행하고, 그 에너지의 차가 열 또는 일(전력을 포함)로 외부에 방출된다. 연료 전지의 경우 이미 설명한 바와 같이 전기 화학적 반응은 깁스의 자유 에너지 G가 높은 상태에서 낮은 상태로 진행하고, 그 감소량 $-\Delta G$가 발전 출력으로 외부에 방출된다. 그러나 화학 반응을 일으키기 위해서는 반응계가 갖는 에너지보다 약간 높은 에너지의 산을 넘지 않으면 안 된다. 이 산에 상당하는 에너지(퍼텐셜)를 '활성화 에너지'라고 한다.

천연가스나 가솔린 같은 연료가 상온에서 연소 반응을 일으키지 않는 것은 활성화 에너지를 초월할 만큼의 에너지 공급이 부족하기 때문이다. 그러나 이러한 연료가 일단 연소를 시작하고 나서 화학 반응인 연소가 지속되는 이유는 연소(산화 반응)에 의해서 발생한 열이 반응계에 활성화 에너지의 산을 넘기 위한 에너지를 공급하기 때문이다.

(3) 전류의 전극전위 의존성

화학 반응에서 속도상수 k의 활성화 에너지 및 온도에 대한 관계는 일반적으로 아레니우스(Arrhenius) 방정식

$$k = A \cdot \exp(-E_a/RT) \quad \cdots\cdots\cdots\cdots\cdots\cdots\cdots\cdots\cdots\cdots\cdots\cdots \text{(부 2-8)}$$

에 의해 표시된다. 여기서 E_a는 활성화 에너지(activation energy)이다.
즉, 활성화 에너지 E_a가 낮고 온도가 높아질수록 속도상수는 커지므로
전극 반응 속도는 빨라진다. 따라서 전룻값이 커진다는 것을 알 수 있
다. 그러나 전극에 전위를 가한 상태에서는 활성화 에너지는 변화한다.

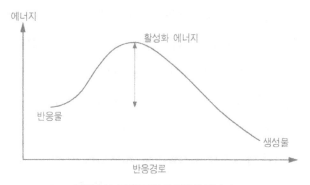

그림 2-1 | 화학 반응의 활성화 에너지

영국의 물리학자인 버틀러(Butler)는 1920년에 이 문제를 이론적으
로 검토한 결과, 전극 반응의 활성화 에너지에 대한 전극전위의 정량적
관계에 대하여 다음과 같은 식을 도출하였다.

$$E_{aOx} = E^0_{aOx} - \alpha_a nFE \quad \cdots\cdots\cdots\cdots\cdots\cdots\cdots\cdots\cdots\cdots \text{(부 2-9)}$$

$$E_{aRed} = E^0_{aRed} + \alpha_c nFE \quad \cdots\cdots\cdots\cdots\cdots\cdots\cdots\cdots\cdots \text{(부 2-10)}$$

단, E_{aOx} 및 E_{aRed}는 산화 방향 및 환원 방향에 대한 활성화 에너지이고, E는 전극전위, E_{aOx}^0 및 E_{aRed}^0는 전극전위가 0인 때의 E_{aOx} 및 E_{aRed}이다. 또 α_a 및 α_c는 각각 산화 방향 및 환원 방향의 반응에 관한 전기 화학적 이동계수라는 파라미터인데, α는 모두 1이하의 플러스 값이고, 또한 양자의 합이 1이라고 가정한다.

버틀러의 관계식을 통해 전극전위를 높이면 산화 방향의 전극 반응은 촉진되고, 반대로 환원 방향의 전극 반응은 억제되는 경향이 있다는 것을 알 수 있다. 전극전위를 낮추면 역으로 환원 방향의 전극 반응이 촉진되고 산화 방향의 전극 반응은 억제된다. 식 (부 2-9) 및 식 (부 2-10)을 식 (부 2-8)에 대입하여 산화 방향 및 환원 방향에 대한 속도상수 k_{Ox} 및 k_{Red}을 구하면

$$k_{Ox} = k_{Oxo} \cdot \exp(\alpha_a nFE/RT) \quad k_{Oxo} = A_{Ox} \cdot \exp(E_{aOxo}/RT) \cdots \text{(부 2-11)}$$

$$k_{Red} = k_{Redo} \cdot \exp(-\alpha_c nFE/RT) \quad k_{Redo} = A_{Red} \cdot \exp(-E_{aRedo}/RT) \cdots \text{(부 2-12)}$$

이 얻어진다. k_{Oxo} 및 k_{Redo}는 전극전위가 0인 때의 산화 방향 및 환원 방향의 속도상수이다. 위의 식은 전극전위가 플러스이면 산화 방향의 속도상수는 전극전위에 대하여 지수함수적으로 증가하는 것을, 환원 방향의 속도상수는 지수함수적으로 감소하는 것을 나타낸다. 만약 전극전위가 마이너스이면 전위의 절댓값이 커지고(전위가 내려간다), 산화 방향의 속도상수는 낮아지며 환원 방향의 속도상수는 커진다. 식

(부 2-11) 및 식 (부 2-12)와 같은 형식의 관계식은 '버틀러-볼머의 식 (Butler-Volmer equation)' 혹은 쉽게 '버틀러의 식'이라고도 한다.

(4) 평형 전극전위와 교환전류

전극전위가 어떤 특정한 값을 취할 때 산화 방향의 반응 속도와 환원 방향의 반응 속도가 같아져 전극 반응의 속도가 0, 즉 전전류가 0이 되는 조건이 성립한다. 이와 같은 조건을 만족시키는 전극전위를 평형 전극전위 E_e라고 한다. 또 이와 같은 조건에서는 산화 방향과 환원 방향의 전류 크기가 같아져

$$I_0 = I_a = -I_c, \ I = 0 \ \cdots\cdots\cdots\cdots\cdots\cdots\cdots\cdots\cdots\cdots\cdots\cdots \ (부 2\text{-}13)$$

가 성립한다. 여기서 정의된 전류 I_0를 '교환전류', 혹은 교환전류를 전극 면적 S로 나누어 얻은 전류밀도 j_0를 '교환전류밀도'라고 한다. 이것은 직접 관측할 수 없는 전룻값이지만 전극 반응을 해석함에 있어서는 가장 귀중한 파라미터 중 하나다. 그 크기는 전극의 재질과 온도에 따라 다르며, 전극 면에서 반응이 일어나기 쉬움을 나타내는 지표라고 해석할 수 있다.

식 (부 2-13)에 식 (부 2-5) 및 (부 2-6)을 대입하여 식 (부 2-11), (부 2-12) 및 $E = E_e$ 써서 정리하면 교환전류 I_0의 식이 얻어진다.

$$I_0 = nFS \cdot k_{Oxo} \cdot \exp(\alpha_a nFE_e/RT) \cdot [Red]$$

$$= nFS \cdot k_{Redo} \cdot \exp(-\alpha_c nFE_e/RT) \cdot [Ox] \quad \cdots\cdots\cdots \quad (\text{부 } 2\text{-}14)$$

위의 식에 포함되는 [Red] 및 [Ox]는 전극 표면의 Red 및 Ox의 농도이지만 이 경우에 전극 반응은 평형 상태에 이르고, 전극 표면과 전해질 내부의 온도는 같다고 볼 수 있다.

식 (부 2-7)에 식 (부 2-11) 및 (부 2-12)를 대입한 식 (부 2-14)를 사용하고, 식을 더욱 간략화하기 위해

$$\eta = E - E_e \quad \cdots\cdots\cdots\cdots\cdots\cdots\cdots\cdots\cdots\cdots\cdots\cdots\cdots\cdots \quad (\text{부 } 2\text{-}15)$$

로 정의되는 새로운 파라미터 η를 써서 정리하면

$$I/I_0 = (I_a + I_c)/I_0 = \exp(\alpha_a nF_\eta/RT) - \exp(-\alpha_c nF_\eta/RT) \quad \cdots \quad (\text{부 } 2\text{-}16)$$

이 도출된다. 플러스의 과전압이 충분히 클 때는 제2항 제1항에 대하여 무시할 수 있으므로

$$\eta^0 \, I_a/I_0 = \exp(\alpha_a nF_\eta/RT) \quad \cdots\cdots\cdots\cdots\cdots\cdots\cdots\cdots\cdots\cdots \quad (\text{부 } 2\text{-}17)$$

이고, 마이너스의 과전압 절댓값이 충분히 클 때는 제1항을 무시할 수

있으므로

$$\eta^0 \, I_a/I_0 = \exp(-\alpha_c nF_\eta/RT) \quad \cdots\cdots\cdots\cdots\cdots\cdots\cdots\cdots\cdots \quad (부 \ 2\text{-}18)$$

로 쓸 수 있다. 식 (부 2-17) 및 (부 2-18)에서 전류 I를 전류밀도 j로 바꾸어 놓고, 양변의 대수를 취하여 정리하면

$$\eta = a \pm b\log i$$

처럼 쓸 수 있다. 이것이 Tafel의 식이다.

용어 해설

• 수소

영국의 화학자 헨리 캐번디시(Henry Cavendish, 1731~1810)가 1766
년에 발견한, 지구상에서 가장 가볍고 무색무취하며 무해한 기체이다.
가장 단순한 구조의 물질로, 연소되기 쉬운 성질을 가졌지만 발화점은
70도로 높아 자연 발화는 어렵다. 연소온도는 3,000도이고 연소되어
도 불꽃은 거의 보이지 않는다.

• 연료전지

수소와 산소가 반응하여 전기를 생산하는 장치. 외부에서 수소와 산
소를 공급함으로써 전력을 얻을 수 있다. 단, 일반 전지처럼 전기를 축
적하는 것은 불가능하다. 전해질(electrolyte)의 종류에 따라 고체 고분자
형(PEFC), 인산형(PAFC), 용융 탄산염형(MCFC), 고체 산화물형(SOFC) 등
여러 가지로 분류된다. 기존의 화석연료 에너지를 대체할 수 있는 차세
대 에너지로 크게 각광받고 있다.

• 수소 스테이션

연료전지 자동차(FCV)에 수소를 공급하기 위한 시설 · 각종 연료를
현장에서 개질하여 수소를 만들어 저장 · 공급하는 스테이션과 외부에

서 수송해 온 수소를 현장에서 저장·공급하는 스테이션이 있으며, 이와 같은 인프라의 정비가 연료전지 자동차 보급을 위한 핵심 사항 중하나라고 할 수 있다.

● 정치식(定置式) 연료전지

기존처럼 대규모 발전소에서 발전하여 전기를 보내는 것이 아니라 전기를 이용하는 바로 그 장소에서 발전하는 소규모 연료전지를 이른다. 가정용은 1㎾, 소규모 사업장이나 각종 점포용은 5~10㎾의 용량이 적합하다. 도시가스, 프로판가스, 나프타, 등유 등의 연료에서 수소를 뽑아내 발전한다.

● 고체 고분자형 연료전지(Polymer Electrolyte Fuel Cell, PEFC)

전기를 통하게 하기 위한 전해질이 고체 고분자막이라는 얇은 막으로 구성되어 있어 붙은 명칭이다. 상온~약 100℃의 저온에서 작동하기 때문에 온/오프 전환이 단순하며 소형화하기 쉬운 점이 특징이다. 따라서 가정용·자동차용·휴대용에 적합하다.

● 탈탄소

장작이나 석탄·석유 등의 연료에는 탄소와 수소가 포함되어 있다. 문명과 과학이 발전하여 석탄과 석유 등이 주요 에너지로 사용됨에 따라 이들 연료 속에 포함된 탄소의 비율은 서서히 감소되어 왔다. 이것을 '탈탄소화'라 한다. 반대로 수소의 비율이 높아질수록 에너지 발생 때 CO_2를 배출하지 않아 효율적이고 청정한 에너지원이라 할 수 있다. 수소를 단체(單體)로 생성하여 유통·이용하는 것을 최종 목표로 본다.

● 개질

화학 반응에 의해 수소를 함유한 다른 물질이나 기체·액체로부터 수소를 끌어내는(만들어 내는) 것. 메탄이나 에탄올 등 다양한 물질에서 수소를 얻을 수 있다. 신속한 반응을 위해 백금 등의 촉매를 사용한다.

● 화석연료

석유·석탄·가스 등을 이르는 것으로, 고대의 동물이나 식물의 사체가 지하 깊은 곳에서 변화한 것을 지칭한다. 화석연료는 매장량이 유한하며, 최근에 이르러서는 그 고갈이 관심사가 되고 있다. 현재와 같은 사용량 추세를 감안하면 수십 년 후에는 고갈되리라는 우려가 높아 대체 에너지의 개발 및 실용화에 세계의 관심이 모이고 있다.

● 산성비

화석연료 등의 연소로 발생하는 황산화물이나 질소산화물 등이 대기 중에서 황산이나 질산으로 변하여 빗물이 녹아든 강한 산성의 비를 이른다. 산성이나 알칼리성을 나타내는 {PH}가 7이면 중성, 7보다 높으면 알칼리성, 7보다 낮으면 산성이 된다.

- ### 스택(Stack)

고체 고분자형 연료전지의 최소단위인 셀을 여러 개 겹쳐 쌓은(직렬로 연결한) 것. 1장의 셀 출력은 제한되기 때문에 필요한 출력을 얻을 수 있도록 많은 셀을 겹쳐 하나의 패키지로 한다. '연료전지 스택' 또는 'FC 스택'이라고도 한다.

- ### 셀(cell)

고체 고분자형 연료전지의 최소 단위. 플러스와 마이너스의 전극판으로 고체 고분자막(전해질막)을 사이에 끼워넣은 구조. 셀의 플러스극(산소극)과 마이너스극(수소극)에는 수많은 가느다란 홈이 있으며, 외부에 공급된 산소와 수소가 전해질막을 사이에 두고 이 홈을 통과함으로써 반응이 일어나 전기가 발생한다. 셀 1개로 발생하는 전기는 약 0.7V이다.

- ### 전해질

전기는 물질 속을 이온이 이동함으로써 발생하는데, 연료전지에 없어서는 안 되는 핵심 요소로, 전자는 통과시키지 않고 이온만 통과시키는 물질이 전해질이다.

전해질에는 고체와 액체 등 몇 가지 종류가 있으며, 이온이 이동(발전을 시작)할 수 있는 온도(작동 온도)와 발전의 출력 규모 등에 따라 다른 연료전지가 있다.

● 에너지 회생

자동차의 운동에너지를 전기적 에너지로 변환하여 전원 등에 귀환시키는 것. 예를 들면 제동(制動) 때 마찰열로 되어 방출되는 에너지를 전기에너지로 유효하게 이용할 수 있다. 구동력으로서 전기모터를 사용하고 있는 자동차에서는 제동 때 전기모터를 발전기로 작동시켜 주행하는 차량이 가지고 있는 운동에너지를 전기에너지로 변환하여 축전지 등의 보존 전원으로 회수할 수 있다.

● 에너지 효율

공급 에너지 대비 이용할 수 있는 전기나 열량의 비율. 일정량의 연료로 얼마만큼 좋은 효율로 전기나 열량을 이용할 수 있는가를 나타낸다.

● 청정에너지 자동차

석유 이외의 연료를 사용하거나 연료를 절약하여 CO_2와 질소산화물(NO_X) 등을 별로 배출하지 않는 저공해 자동차를 이르는 말이다. 이용하는 동력원에 따라 전기자동차, 하이브리드 자동차, 천연가스 자동차, 메탄올 자동차, 디젤 대체 LPG차, 연료전지 자동차 등이 있다.

● 하이브리드 자동차(hybrid car)

내연기관과 전동모터라는 두 동력원을 병용하여 달리는 자동차를 이른다. 모터를 이용하여 조용하게 발진한 다음 엔진의 강력한 힘으로 가속한다. 내연기관 자동차에 비해 연비가 적은 것이 특징이다.

● 전기자동차

휘발유 대신 전기를 에너지원으로 하고 축전지에 축적한 전기로 모터를 회전시켜 달리는 자동차. 휘발유를 연료로 사용하지 않기 때문에 배기가스가 없고 주행할 때 소음도 대폭 감소한다.

● 온실효과가스

지구 온난화의 원인인 이산화탄소·메탄·아산화질소·프론 등을 이른다. '교토 의정서'에서는 이산화탄소, 일산화이질소, 메탄, 하이드로 플루오로 카본(HFC), 퍼플루오로 카본(PFC), 육플루오르화황(SF_6) 등 6종류가 온실효과가스로서, 배출량 삭감 대상으로 지정되었다.

온실효과가스는 태양광의 방사 에너지를 대부분 통과시키는 한편, 지표에서 발생하는 적외선 방사열을 흡수하여 지표 온도를 상승시킨다. 현재와 같은 추세로 온실효과가스가 증가한다면 기온이 상승하여 지구 온난화가 더욱 촉진될 것으로 예견된다.

● 바이오매스(biomass)

'생물자원' 혹은 '생물연료'라고도 하며, 화석연료와 대비되는 뜻으로도 사용된다. 목재나 폐자재 등은 목질(木質) 바이오매스에 포함된다.

바이오매스가 주목을 받은 이유는, 바이오매스를 연료나 에너지로 이용하는 경우 지구온난화를 야기하는 온실효과가스 중 하나인 CO_2 배출량 삭감에 크게 기여할 수 있기 때문이다.

식물은 태양 에너지를 이용하여 광합성을 통해 무기질인 물이나 CO_2로부터 유기물을 생산한다. 이를 태우면 방열하고 에너지와 함께 CO_2가 발생한다. 그러나 원래 이 CO_2는 대기 속에 존재했던 것이 대기 속으로 되돌아가는 것이므로 대기 속의 CO_2 양에는 변함이 없다. 이 때문에 에너지로서나 제품으로서 광범위한 활용이 기대된다.

● 제로 에미션 프로젝트(zero emission project)

UN대학이 제창하고 있는 구상이다. 어떤 산업에서 배출되는 모든 폐기물을 같은 산업이나 다른 분야의 원료로 다시 활용함으로써 모든 폐기물을 '제로'로 하는 것을 목표로 한다. 새로운 자원 순환형 산업사회 형성을 위하여 폐기물을 배출하지 않는 통합화된 생산을 지향하려는 프로젝트이다.

● 커패시터(capacitor, 축전기)

전기를 그대로 축적하는 장치. 전기를 화학 반응 없이 전기 그대로 축적할 수 있기 때문에 충전 시간이 짧고, 충·방전으로 인한 열화가 없는 것이 특징이다. '콘덴서'라고도 하지만 콘덴서가 다루는 전력보다 대용량의 전력을 다룬다.

● 제미니 5호(Gemini 5)

1960년대 미국에서 달착륙을 목표로 한 아폴로 계획에 필요한 기술을 개발하기 위해 제미니 계획이 발족하였고, 1965년 8월에 제미니 5호가 발사되었다. 이 제미니 5호에 처음으로 우주선 전원용으로 고체 고분자형 연료전지(미국의 제너럴 일렉트릭 설계)가 탑재되었다. 이것이 연료전지의 실용화 제1호이고, 그 후에 인류 최초로 달착륙에 성공한 아폴로 11호에도 탑재되었으며, 현재의 스페이스 셔틀에도 탑재되어 있다.

● 메가 파스칼(MPa)

압력을 나타내는 단위로, hPa(헥토 파스칼), kPa(킬로 파스칼), MPa(메가 파스칼) 등이 있다. 1Pa는 1㎡에 1뉴턴의 힘이 가해지는 것을 표시하고, 100만 Pa이 1MPa이 된다. 1MPa은 10기압에 상당하다.

(참고자료: JHFC 프로젝트 「JHFC 용어집」)